世界数学
精品译丛

11

U0162360

Iwasawa Theory of Elliptic Curves with
Complex Multiplication: *p*-adic *L* Functions

带复乘椭圆曲线的 岩泽理论：p进L函数

□ Ehud de Shalit 著
□ 孙超超 张新 译

中国教育出版传媒集团
高等教育出版社·北京

图字：01-2023-1142 号

注意

本书涉及领域的知识和实践标准在不断变化。新的研究和经验拓展我们的理解，因此须对研究方法、专业实践或医疗方法做出调整。从业者和研究人员必须始终依靠自身经验和知识来评估和使用本书中提到的所有信息、方法、化合物或本书中描述的实验。在使用这些信息或方法时，他们应注意自身和他人的安全，包括注意他们负有专业责任的当事人的安全。在法律允许的最大范围内，爱思唯尔、译文的原文作者、原文编辑及原文内容提供者均不对因产品责任、疏忽或其他人身或财产伤害及/或损失承担责任，亦不对由于使用或操作文中提到的方法、产品、说明或思想而导致的人身或财产伤害及/或损失承担责任。

图书在版编目（CIP）数据

带复乘椭圆曲线的岩泽理论：p进L函数 /（以）埃胡德·德·沙利特（Ehud de Shalit）著；孙超超，张新译. -- 北京：高等教育出版社，2024.1

书名原文：Iwasawa Theory of Elliptic Curves with Complex Multiplication: p-adic L Functions

ISBN 978-7-04-061250-9

I. ① 带… II. ① 埃… ② 孙… ③ 张… III. ① 椭圆曲线-研究 IV. ① O187.1

中国国家版本馆 CIP 数据核字（2023）第 190171 号

DAI FUCHENG TUOYUAN QUXIAN DE YANZE LILUN

策划编辑 李 鹏	责任编辑 李 鹏	封面设计 张 楠
版式设计 马 云	责任校对 张 薇	责任印制 存 怡

出版发行	高等教育出版社	网　址　http://www.hep.edu.cn
社　址	北京市西城区德外大街 4 号	http://www.hep.com.cn
邮政编码	100120	网上订购　http://www.hepmall.com.cn
印　刷	北京华联印刷有限公司	http://www.hepmall.com
开　本	787mm×1092mm 1/16	http://www.hepmall.cn
印　张	8.75	
字　数	160 千字	版　次　2024 年 1 月第 1 版
购书热线	010-58581118	印　次　2024 年 1 月第 1 次印刷
咨询电话	400-810-0598	定　价　59.00 元

本书如有缺页、倒页、脱页等质量问题，请到所购图书销售部门联系调换

版权所有　侵权必究

物料号　61250-00

目　　录

译　序

诚如美国著名数学家 Serge Lang 所言, 学习一门科目最好的方式就是写书. 译者自知能力有限, 功力尚浅, 故而对我们来说最好的方式也许就是译书. 本书甚是合适, 不仅内容是我们所感兴趣的, 而且难度也适当, 遂决定译出.

本书处理的是 Iwasawa (岩泽) 理论这一主题, 准确地说, 是关于虚二次域的 Iwasawa 理论. Iwasawa 理论是数论中很漂亮的一个理论, 也是数论中取得丰硕成果的理论, 至今仍在不断地拓展和发展. 该理论最初是 Iwasawa 受 Weil 等数学家关于单变量函数域上的除子类群研究工作的启发, 试图将其研究思路运用到数域的研究中. 几经探索, 他发现往数域中仅仅添加所有的 p 次单位根, 就能够得到较好的理论. 由此出发, 他发展出了 Iwasawa 理论.

在数论中, ζ 函数和 L 函数是一个重要的主题, 常常以各种不同的面貌在数学中出现. Kummer 在研究 Fermat 大定理时, 发现了 ζ 函数的 p 进特性. 然而最早深入研究此 p 进连续函数特性的是 20 世纪 60 年代的 Kubota 和 Leopoldt. 他们由 ζ 函数在负整点处的函数值提炼出 p 进 L 函数. Iwasawa 受函数域研究的启发, 猜测 Galois 群 $\mathrm{Gal}(\mathbb{Q}(\mu_{p^\infty})/\mathbb{Q})$ 的拓扑生成元作用到 $\mathbb{Q}(\mu_{p^\infty})$ 的理想类群的 p 部分上会给出 p 进 ζ 函数, 进而他猜想此 p 进 ζ 函数本质上就是 Kubota-Leopoldt 的 p 进 L 函数, 这就是著名的 Iwasawa 主猜想. Iwasawa 理论是揭示 p 进解析对象与数论对象之间深刻联系的漂亮理论. Iwasawa 主猜想最初由 Wiles 和 Mazur 解决, Rubin 利用 Euler 系的概念给出更简洁的证明.

关于虚二次域的 Iwasawa 理论, 导言给出了贴切的论述, 我们在此仅仅做一点补充. Rubin 首先对在虚二次域中分裂的素数证明了虚二次域上的 Iwasawa 主猜想, 尽管需要一些条件. Kings 和 Johnson-Leung 证明了对所有的素数 p 虚二次域上的主猜想成立, 略微改进了 Rubin 的结论.

Iwasawa 理论最有名的应用, 莫过于 Andrew Wiles 在 20 世纪 90 年代据此证明的 Fermat 大定理. 当然, 不只是 Iwasawa 理论, 还有 Galois 表示和 Euler 系等方法铸就了这一成就. Iwasawa 理论另一个重要的应用是对 BSD 猜想的研究. 近期此猜想也取得了很多的进展, 尤其是对解析秩 $\leqslant 1$ 的椭圆曲线. 分圆域上的主猜想被推广到其他的情形, 如 CM 域、椭圆模形式以及函数域上的 Abel 簇的主猜想等. 另外, Hida 的工作 —— 即对所谓的 Hida 族的研究, 改变了看待 Iwasawa 理论的方式. 现在学者们也有很大的兴趣将 Iwasawa 理论推广到非 Abel 框架下, 以及关注 p 进 Lie 扩张下的原相 (motive) 的算术特性.

本书是作者在博士论文的基础上写就的, 总结了很多专家学者的见解. 它在总体上是自洽的, 学习的基础也仅仅是代数数论和椭圆曲线的基本内容. 本书的特色之处是对 p 进 L 函数的处理, 即以测度的角度统一处理. 另外, 本书对于学习 p 进 L 函数这一主题是很好而又基本的读物. 书的内容不算太长, 但正如山不在高, 书有时未必在长.

本书前两章由孙超超翻译, 后两章由张新翻译, 最后统一校稿. 限于译者才疏学浅, 不当之处在所难免, 恳请各位专家学者不吝指正.

本书采用了李文威的 tex 模板, 在此表示感谢. 限于 tex 文件版式, 小节编号并未和原著完全一致, 我们做了统一编排如下: 原著中的命题、定理以及推论的段落编号, 我们统一用 tex 中的自动编号; 其余段落的编号, 我们也手动添加, 以备引用. 段落编号的引用, 例如, ◇1.2.1 段, 表示第一章第 1.2 节编号 1.2.1 的段落, 其余同理.

我们更新了一些文献, 主要是那些当时将要刊出的文献. 译文中的脚注均为译者所加, 原文中一些明显错误我们不加声明地进行了更正, 若有不当之处, 望读者朋友指正. 另外, 有几个交换图并未和原著一致, 但其含义是一样的.

最后, 感谢刘渊博在译稿校对中指出的问题; 感谢高等教育出版社对本译著出版的支持, 尤其感谢编辑李鹏的辛劳工作和帮助.

孙超超　临沂大学

张新　青岛科技大学

2022 年 12 月

致　谢

这本书, 部分内容基于作者的博士论文, 总结了许多人的工作, 并受益于多方的襄助. 我会尽力给出合适的出处和参考文献, 当然疏漏之处在所难免.

同该领域的众多学者一样, 我深受 J. Coates 和 A. Wiles 的美妙想法的鼓舞, 也深受 Iwasawa 关于分圆域工作类比的启发. Iwasawa 处理局部类域论的方法和 R. Coleman 的工作构成了第一章的基础. 第二章出自 R. Yager 的工作, 并对其作了自然的延伸. 对于其中部分内容我原计划与他合写成一篇文章, 但由于天各一方, 计划未能落实. 对所有这些人, 我都表示深深的感谢.

特别感谢 K. Iwasawa 对我最初的指导, 感谢 Andrew Wiles 的鼓励与友谊, 感谢 Robert Coleman 阅读了初稿并提出宝贵的建议.

感谢所有在我学习这一主题时提供帮助的老师和朋友, 特别是 E. Friedman, R. Greenberg, B. Gross, B. Mazur 和 K. Rubin.

最后, 感谢哈佛大学数学研究所和国家科学基金会在我准备这本书时提供的支持, 感谢 Faye Yeager 出色的排版.

Ehud de Shalit

伯克利, 1986 年 12 月

导　言

  p 进 L 函数是 p 进特征的解析函数, 它或多或少地联系着经典 (复) L 函数的特殊值. 第一个这种例子便是 Kubota 和 Leopoldt 的 p 进 L 函数 [39], 它与 Dirichlet L 级数有关联. Višik 和 Manin [77] 以及 Katz [37] 构造了另一种 p 进 L 函数, 此 L 函数会插入虚二次域 K 的 Hecke L 级数的特殊值, 其中 p 在 K 上分裂 (固定 $p = \mathfrak{p}\bar{\mathfrak{p}}$). 他们的工作给出了某些具有复乘且在 $\mathfrak{p}$ 处具有好约化的椭圆曲线 (添加其分点生成 K 上的 Abel 扩张) 的 Hasse-Weil zeta 函数的 p 进插值. Manin-Višik 和 Katz 构造的 p 进 L 函数是本书首先要研究的对象.

  尽管我们的观点有些许不同, 但其源头是 Coates 和 Wiles 的两篇基础论文 [14] 与 [13]. 自从那时起, 此课题便由不同的学者从事研究 (见第二章导言). 我们在这里展示其充分的一般性 (我们希望如此), 并将其概括为两个主要步骤.

  取定 K 的 Abel 扩张 F_1, 令 K_∞ 是 K 在 $\mathfrak{p}$ (p 在 K 上的两个素理想之一) 之外非分歧的唯一 $\mathbb{Z}_p$ 扩张. 如果假设 F_1 是模 $\mathfrak{f}\mathfrak{p}$ 的射线类域, 这里 $\mathfrak{f}$ 是与 $\mathfrak{p}$ 互素的整理想, 那么我们不但没有失掉一般性, 而且也简化了一些符号, 故而我们做出这一假设. 于是, p 进 L 函数本质上是 $\mathcal{G} = \mathrm{Gal}(F_1 K_\infty / K)$ 上的 p 进整测度.

  现在, 第一步从域塔 $F_\infty = F_1 K_\infty$ 在 $\mathfrak{p}$ 处的完备化里给出由半局部单位构成的范相容序列 β. 对每一个这样的序列, 我们构造一个 $\mathcal{G}$ 上的特定测度 μ_β. 这个构造将在第一章里描述. 第二步, 正如第二章所做的, 我们引入特殊的整体单位: 椭圆单位. 它们满足范相容序列, 故可将其嵌到局部单位里. 将第一章的方法应用于其上时, 我们便得到了 p 进 L 函数.

  第一章和第二章是在很一般的情况下进行的, 也试图做到自成体系, 但这将导致冗长乏味的计算. 建议初次接触该主题的读者做两个简化的假设: K 的类数为

1, 以及理想群特征 (见 §2.1.1) 在 $\mathfrak{p}$ 处非分歧. 这会消除大部分技术困难, 但概念内涵极少丢失. 如果仍感困惑, 可以集中关注无穷型 $(k, 0)$ 的 Hecke 特征. 此情形仅能给出 "一元" p 进 L 函数的插值公式. 实际上, 我们在第二章 §2.4 中单独处理了这种情况, 尽管有些重复, 但更方便阅读.

　　第一章和第二章包含的其他结果有 Wiles 显式互反律的新证明, Kronecker 极限公式的 p 进类比以及 p 进 L 函数的函数方程.

　　我们对 Katz p 进 L 函数的极大兴趣来自它们在类域论 (K 的 Abel 扩张) 和带复乘椭圆曲线的算术中的重要性. 在后两章, 我们给出这两个方向的结果示例. 尽管这些章节基本上是独立的, 但它们并非详尽无遗, 一些主题也被省略了. 我们渴望展示如何利用第二章的结果, 故而材料的选择, 以及某些证明方法, 均受此影响.

　　第三章主要涉及分圆 Iwasawa 理论风格的 "主猜想". 基本想法是 p 进 L 函数的零点应该是 $\mathcal{G}$ 的 p 进特征, 该特征的倒数出现在 $\mathcal{G}$ 在某特定有限秩自由 $\mathbb{Z}_p$ 模的表示上. 其中, 此模 $\mathcal{X}$ 是 F_∞ 在 $\mathfrak{p}$ 之外非分歧的极大 Abel p 扩张的 Galois 群, 更多细节可参看第三章导言. 我们证明了 $\mathcal{X}$ 的 Iwasawa 不变量与 p 进 L 函数的 Iwasawa 不变量是相等的, 但我们没有讨论 K. Rubin 近期对此猜想的研究, 也未给出 Gillard 关于 μ 不变量消失性的证明.

　　尽管在第三章中椭圆曲线有意被置于幕后, 但其算术, 特别是 Birch 和 Swinnerton-Dyer 的猜想, 是第四章的主要论题. 首先, 我们展示如何利用 Kummer 理论和下降法将前述 Galois 群 $\mathcal{X}$ 与 F_∞ 的 Selmer 群联系起来. 接下来, 我们给出 Coates-Wiles 和 R. Greenberg 的两个漂亮定理的完整证明. 此处该定理被推广到以虚二次域为复乘的椭圆曲线上, 其中类数不必是 1, 但必须保留关键假设, 即所讨论曲线的分点能生成 K 的 Abel 扩张.

　　此处未考虑的主题中, 我们提一下 p 进高度和 p 进 sigma 函数, 这是 Perrin-Riou 关于 Birch 和 Swinnerton-Dyer 猜想的代数类比的工作 [50] 以及她的 "Gross-Zagier 型" 结果 [51]. 在本书出版之时, K. Rubin 宣布了有关 Birch 和 Swinnerton-Dyer 猜想的重要新成果. 他热心地允许我在这里报告这些进展, 我们请读者参阅他即将发表的论文以了解细节.

　　作者知道在第三章和第四章缺乏计算实例. 这些实例能很好地阐明理论, 但由于缺乏计算技巧, 我无法提供任何新的例子. 在 Stephens, Goldstein 和 Bernardi 的论文 [71] 中有很多相关的数值数据.

第一章　形式群, 局部单位与测度

本书的前半部分主要致力于构造虚二次域的 p 进 L 函数. 这种构造一开始是"形式的"与"局部的", 只是到后期才融入关于复乘理论的结果. 在第一章我们汇集了那些不涉及椭圆曲线的结论, 工具是形式群与 p 进测度. 关键结果是定理 1.3.9, 其描述了一类局部单位的模结构, 这个模在接下来的三章扮演着中心角色. 在 §1.4 中我们证明了局部类域论中的显式互反律, 此结果将在第四章中用到.

1.1　相对 Lubin-Tate 群

1.1.1　令 R 是含单位元的交换环.

定义 1.1.1　R 上的**一维 (交换) 形式群**是一个形式幂级数 $F \in R[[X,Y]]$, 若满足以下公理:

(i)　$F(X,Y) \equiv X + Y \mod \deg 2$,

(ii)　$F(X,0) = X = F(0,X)$,

(iii)　$F(X,F(Y,Z)) = F(F(X,Y),Z)$　(结合律),

(iv)　$F(X,Y) = F(Y,X)$　(交换律).

我们用 $f \equiv g \mod \deg n$ 表示 $f - g$ 仅包含次数不小于 n 的单项式. 可以证明 ([31] 1.1.4) 存在唯一的形式幂级数 $\iota(X) \in R[[X]]$ 使得 $F(X,\iota(X)) = 0$.

令 A 是一个 R-代数, $\mathfrak{a}$ 是一个理想使得 A 在 $\mathfrak{a}$ 进拓扑下是完备且分离的 (即 $A = \varprojlim A/\mathfrak{a}^n$). 若 $f, g \in \mathfrak{a}$, 则 $F(f, g)$ 与 $\iota(f)$ 收敛到 $\mathfrak{a}$ 中的元, 并将其相应地记成 $f[+]g$ 与 $[-]f$. 我们可以看到 $\mathfrak{a}$ 以 $[+]$ 作为加法构成 Abel 群, 记成 $F(\mathfrak{a})$ ("F 的 $\mathfrak{a}$-值点"), 以区别于 $\mathfrak{a}$ 通常的加法. 特别地, 这些注记适用于 $A = R[[X]], \mathfrak{a} = (X)$, 也适用于 $A = R$ 是一个完备局部环、$\mathfrak{a}$ 是其极大理想的情形. 我们所需要的有关形式群的所有结果几乎都可以从 Hazewinkel 的书 [31] 中找到, 因此, 在没有其他特别的情况下我们用 "形式群" 意指 "一维交换形式群".

定义 1.1.2　R 上的两个形式群 F 与 F' 之间的一个**同态** f 是一个不含常数项的幂级数 $f \in R[[X]]$ 使得 $F'(f(X), f(Y)) = f(F(X, Y))$.

所有的这种同态构成的集合 $\mathrm{Hom}(F, F')$ 关于形式群 F' 的加法律构成群: $(f + g)(X) = f(X)[+]'g(X)$. 进而, $\mathrm{End}(F)$ 以合成为积构成环.

令 R 是特征 0 的整环, $f \in \mathrm{Hom}(F, F')$, 则 $f(X) = aX + (\text{高次项})$, 且映射 $f \mapsto a = f'(0)$ 是 $\mathrm{Hom}(F, F')$ 到 R 的群的单同态 ([31] 20.1). 当 $F = F'$ 时, 这是一个环同态. 我们将以 $[a]_{F,F'}$, 或 $[a]_F$, 或简单地以 $[a]$ 代替 f. R 的分式域 K 上的所有形式群都是同构的. K 上的任意同构 $\lambda : F \simeq \hat{\mathbb{G}}_a$ ($\hat{\mathbb{G}}_a(X, Y) = X + Y$ 是**加法形式群**) 称为 F 的**对数**. 若 λ 是正规的, 即满足 $\lambda'(0) = 1$, 则 $\lambda'(X) \in R[[X]]^\times$ 的系数全在 R 中 ([31] 5.8). 所有这些陈述在特征非 0 的情况下都是错的 (或无效的).

令 F 是特征 $p > 0$ 的域的形式群, 则 $[p]_F(X) = \underbrace{X[+] \cdots [+]X}_{p \text{ 项}}$ 是 X^q 的幂级数, 其中 $q = p^h$ (对某个 $h \geqslant 1$). 最大可能的整数 h 称为 F 的**高度** ([31] 18.3). 若 $[p]_F(X) = 0$, 则称 F 高度无限.

最后, 我们需要 F 上的平移不变导子的概念. F 上的**平移不变导子**是 $R[[X]]$ (在 R 上) 的连续导子, 满足 $D(f(X[+]Y)) = Df(X[+]Y)$. 这里 Y 对 D 而言被看作常数 (即 D 通过 $D(Y) = 0$ 扩张到 $R[[X, Y]]$ 上). 若 R 是特征 0 的整环, 则 $D = \frac{c}{\lambda'(X)} \frac{d}{dX}$, 其中 $c \in R$, λ 是 F 的对数, 满足 $\lambda'(0) = 1$.

乘法形式群 $\hat{\mathbb{G}}_m$ 由 $\hat{\mathbb{G}}_m(X, Y) = X + Y + XY = (1 + X)(1 + Y) - 1$ 给出.

1.1.2　设 k 是 $\mathbb{Q}_p$ 的有限扩张, 其中 $\mathbb{Q}_p$ 是 p 进数域. 令 $\mathcal{O}$ 和 $\wp$ 分别是 k 的赋值环和极大理想. 设剩余域 $\mathcal{O}/\wp$ 有 q 个元素. Lubin 和 Tate 引入了一类非常有用的 $\mathcal{O}$ 上的形式群 ([44]). 它们的方便之处在于带有一个特殊的自同态, 其 "提升" 了特征 p 上的 Frobenious 映射 $X \to X^q$. 这里我们做了一点推广 (参看 [64]), 像以往一样, 这个理论首先关注 Frobenious 提升, 进而网罗其相关的形式群.

令 d 是一个正整数, k' 是 k 的唯一 d 次非分歧扩张. 令 k^{ur} 是 k 的极大非分歧扩张, K 是 k^{ur} 的完备化. Frobenious 自同构 φ (相对于 k) 拓扑地生成 $\mathrm{Gal}(k^{\mathrm{ur}}/k)$,

并可连续地扩张到 K 上. 它由如下等式刻画:

$$\varphi(x) \equiv x^q \mod \wp^{\mathrm{ur}}, \quad \forall x \in \mathcal{O}^{\mathrm{ur}}.$$

我们记 $\mathcal{O}', \wp', \varphi'$ 为 k' 上相应的对象, 使得 $\varphi' = \varphi^d$. 最后, 令 $\nu: K^\times \to \mathbb{Z}$ 是正规赋值 (正规意指 $\nu(K^\times) = \mathbb{Z}$).

取定 $\xi \in k^\times, \nu(\xi) = d$. 考虑

$$\mathcal{F}_\xi = \{ f \in \mathcal{O}'[[X]] \mid f \equiv \pi' X \mod \deg 2, \; \mathrm{N}_{k'/k}(\pi') = \xi \text{ 及 } f \equiv X^q \mod \wp' \}.$$

$\mathcal{F}_\xi$ 中任意 f 相当于提升 Frobenious 的自同态. 它的微分是 $f'(0) = \pi'$ 且其约化是 X^q.

定理 1.1.3 对任意的 $f \in \mathcal{F}_\xi$, 存在唯一的 $\mathcal{O}'$ 上的一维交换形式群 F_f 满足 $F_f^\varphi \circ$. $f = f \circ F_f$.

此定理换句话说 $f \in \mathrm{Hom}(F_f, F_f^\varphi)$. 在这里或其他任何地方, 上标 φ 表示将 φ 作用到幂级数的系数上. 注: $F_f^\varphi \in \mathcal{F}_\xi$ 且 $F_f^\varphi = F_{\varphi(f)}$ (将 φ 应用到定义 F_f 的方程上即得). 当 $d = 1$ 时这是 Lubin 和 Tate 研究的情况. 当 $d \geqslant 1$ 时, 我们称 F_f 为 **相对 Lubin-Tate 群** (相对于扩张 k'/k). 为证明定理 1.1.3, 我们需要以下引理.

引理 1.1.4 令 $f, g \in \mathcal{F}_\xi$, $F_1(X_1, \cdots, X_n)$ 是 $\mathcal{O}'[X_1, \cdots, X_n]$ 上的线性形式. 设 $f \circ F_1 \equiv F_1^\varphi \circ (g, \cdots, g) \mod \deg 2$, 那么存在唯一的 $F \in \mathcal{O}'[[X_1, \cdots, X_n]]$ 满足 (i) $F \equiv F_1 \mod \deg 2$, (ii) $f \circ F = F^\varphi \circ (g, \cdots, g)$.

证明 (比较 [60] p.149) 令 $f = \pi_1 X + \cdots, g = \pi_2 X + \cdots$. 设 $F^{(1)} = F_1$ 并通过 $F^{(m)} = F^{(m-1)} + F_m$ ($m \geqslant 2$) 依次定义模去 $\deg m + 1$ 后满足 (ii) 的近似项, 其中 F_m 是 m 次齐次项. 为此我们需要

$$f \circ (F^{(m-1)} + F_m) \equiv (F^{(m-1)} + F_m)^\varphi \circ g \mod \deg m + 1$$

或

$$f \circ F^{(m-1)} + \pi_1 F_m \equiv F^{(m-1)\varphi} \circ g + \pi_2^m F_m^\varphi.$$

令 t 是 $F^{(m-1)\varphi} \circ g - f \circ F^{(m-1)}$ 的 m 次齐次项. 因为

$$F^{(m-1)\varphi} \circ g \equiv F^{(m-1)\varphi}(X_1^q, \cdots, X_n^q) \equiv (F^{(m-1)})^q \equiv f \circ F^{(m-1)} \mod \wp',$$

所以 $t \equiv 0 \mod \wp'$. 我们需要找到 F_m 满足

$$F_m - \pi_1^{-1} \pi_2^m F_m^\varphi = \pi_1^{-1} t.$$

这是可能的, 因为 $m \geqslant 2$ 且 $\mathcal{O}'$ 是完备的 (F_m 可由模 $\wp'^r$ 归纳得到). 令 $F = \sum_{m=1}^{\infty} F_m$ 则完成证明. $\qquad\square$

定理 1.1.3 的证明:

证明　在引理 1.1.4 中, 令 $f = g, F_1 = X_1 + X_2$. 取 F_f 为上述引理得到的 F, 我们需要说明 F 是一个形式群. 这可通过反复应用引理 1.1.4 得到, 此处留作练习 (或参考 [60] p.150). $\qquad\square$

记 $\tilde{F}$ 是 F_f 的约化, 即通过 "$F_f \mod \wp'$" 得到的 $\mathcal{O}'/\wp'$ 上的形式群. 容易验证 $\tilde{F}$ 的高度是 $[k : \mathbb{Q}_p]$. 在没有歧义的情况下我们也把它作为 F_f 的**高度**.

命题 1.1.5　取 $\mathcal{F}_\xi$ 中元 $f = \pi_1 X + \cdots, g = \pi_2 X + \cdots$. 令 $a \in \mathcal{O}'$ 满足 $a^{\varphi-1} = \pi_2/\pi_1$ (a 的存在性由 Hilbert 定理 90 得到), 则存在唯一的幂级数 $[a]_{f,g} \in \mathcal{O}'[[X]]$ 满足

(i) $[a]_{f,g} \equiv aX \mod \deg 2$,

(ii) $[a]_{f,g}^\varphi \circ f = g \circ [a]_{f,g}$.

而且, $[a]_{f,g} \in \mathrm{Hom}(F_f, F_g)$. 若 $h(X) = \pi_3 X + \cdots$ 是 $\mathcal{F}_\xi$ 的另一元素, 且 $b^{\varphi-1} = \pi_3/\pi_2$, 则有 $[ab]_{f,h} = [b]_{g,h}\circ[a]_{f,g}$. 进而, 映射 $a \mapsto [a]_{f,g}$ 是 $\{a \in \mathcal{O}' \mid a^{\varphi-1} = \pi_2/\pi_1\}$ 到 $\mathrm{Hom}(F_f, F_g)$ 的群同构. 若 $f = g$, 则其是环同构 $\mathcal{O} \simeq \mathrm{End}(F_f)$.

证明　在引理 1.1.4 中, 令 $F_1 = aX$, 则有 $g \circ F_1 \equiv F_1^\varphi \circ f \mod \deg 2$. 记所得到的 F 为 $[a]_{f,g}$. 传递性 $[ab]_{f,h} = [b]_{g,h}\circ[a]_{f,g}$ 容易由唯一性得到. 为说明 $F_g\circ[a] = [a]\circ F_f$, 只需验证 $g \circ [a] \circ F_f \circ [a]^{-1} = [a]^\varphi \circ F_f^\varphi \circ ([a]^\varphi)^{-1} \circ g$ (在 $k'[[X]]$ 中, 逆是由合成定义的), 这可由 (ii) 和 F_f 的定义得到. 唯一不明显的地方在于每个同态 $\lambda : F_f \to F_g$ 均是这种形式. 若令 $a = \lambda'(0)$, 由于在特征 0 的情况下映射 $\lambda \mapsto \lambda'(0)$ 是单射, 故只需说明 $a^{\varphi-1} = \pi_2/\pi_1$, 但这是显然的. 注意即使允许所有的同态定义在 k' 的某扩张的整数环上, 我们也未得到任何新东西. $\qquad\square$

推论 1.1.6　若 $f, g \in \mathcal{F}_\xi$, 则 F_f 和 F_g 在 $\mathcal{O}'$ 上同构.

1.1.3　由推论 1.1.6 可知, 对不同的 $f \in \mathcal{F}_\xi$, F_f 可以看作同一形式群的不同模型. 在 $\mathcal{O}_K$ (这里 $K = \hat{k}^{\mathrm{ur}}$) 上甚至不用区分不同的 ξ. 换言之, $\mathcal{O}_K$ 是严格 Hensel 环, 其上形式群通过 (在 $\overline{\mathbb{F}}_p$ 上) 约化进行典范分类, 且分类在同构意义下由其高度决定. 具体说, 我们有如下命题:

命题 1.1.7　设 $\nu(\xi) = \nu(\xi') = d$, 令 $v = \xi'/\xi$. 取 k' 上单位 u 使其满足 $\mathrm{N}_{k'/k}(u) = v$ (在非分歧扩张中, 范映射在单位群上是满射). 再取 $\Omega \in \mathcal{O}_K^\times$ 使得 $\Omega^{\varphi-1} = u$. 令 $f \in \mathcal{F}_\xi$, 那么存在唯一的幂级数 $\theta(X) \in \mathcal{O}_K[[X]]$ 满足

(i) $\varphi^d(\theta) = \theta \circ [v]_f$,

(ii) $\theta(X) = \Omega X + (\text{高次项})$.

令 $f' = \theta^\varphi \circ f \circ \theta^{-1}$, 则 $f' \in \mathcal{F}_{\xi'}$ 且 θ 是 F_f 到 $F_{f'}$ 的 $\mathcal{O}_K$ 同构.

证明留给读者. 这里 Ω 存在是因为 $\mathcal{O}_K$ 是完备的且其剩余类域是代数闭域.

1.1.4 对 $i \geqslant 0, f \in \mathcal{F}_\xi$, 令 $f^{(i)} = \varphi^{i-1}(f) \circ \cdots \circ \varphi(f) \circ f$, 则 $f^{(i)} \in \text{Hom}(F_f, F_{\varphi^i(f)})$. 若 $\nu(\xi) = d$, 则有 $f^{(d)} = [\xi]_f \in \text{End}(F_f)$ (我们记 $[a]_{f,f}$ 为 $[a]_f$). 一般地, 也有 $\varphi^j(f^{(i)}) \circ f^{(j)} = f^{(i+j)}$.

令 $\mathbb{C}_p$ 是 $\mathbb{Q}_p$ 的代数闭包的完备化, M 是其赋值理想, 及 $M_f = F_f(M)$ 为 F_f 的 M 值点.

定义 1.1.8 令 π 是 $\mathcal{O}$ 中任意素元, $n \geqslant 0$. 定义

$$\begin{aligned}
W_f^n &= \{\omega \in M_f \mid [a]_f(\omega) = 0 \text{ 对所有 } a \in \wp^n \text{ 成立}\} \\
&= \{\omega \in M_f \mid [\pi^n]_f(\omega) = 0\} \\
&= \text{Ker}(f^{(n)} : M_f \to M_{\varphi^n(f)}).
\end{aligned}$$

它们称为 F_f 的**级 n 的分点**. 前两个表达式相等是明显的, 它们都等于第三个是因为如果 $a \in \mathcal{O}', b \in \mathcal{O}$ 且 $\nu(a) = \nu(b), [a]_{f,g} \in \text{Hom}(F_f, F_g)$, 则 $[a]_{f,g} = [ab^{-1}]_{f,g} \circ [b]_f$ 且 $[ab^{-1}]_{f,g}$ 是同构.

命题 1.1.9 (i) W_f^n 是 M_f 的有限 $\mathcal{O}$ 子模, 含有 q^n 个元素. $W_f^n \subset W_f^{n+1}$.

(ii) 如果 $\omega \in \tilde{W}_f^n = W_f^n \setminus W_f^{n-1}$, 则映射 $a \mapsto [a]_f(\omega)$ 给出同构 $\mathcal{O}/\wp^n \simeq W_f^n$.

(iii) $W_f = \bigcup W_f^n \cong k/\mathcal{O}$ (非典范同构) 且是 M_f 中所有 $\mathcal{O}$ 挠点构成的集合.

证明可见 [60] §3.6, 命题 6, 我们在此省去它.

命题 1.1.10 域 $k'(W_f^n) = k_\xi^n$ 不依赖于 f 的选取, 其中 $f \in \mathcal{F}_\xi$. 它是 $k' = k_\xi^0$ 的次数为 $(q-1)q^{n-1}$ $(n \geqslant 1)$ 的全分歧扩张, 是 k 的 Abel 扩张. 任意的 $\omega \in \tilde{W}_f^n$ 在 k' 上生成 k_ξ^n, 事实上它是 k_ξ^n 的一个素元. 存在一个由 $u \mapsto \sigma_u, \sigma_u(\omega) = [u^{-1}]_f(\omega)$ $(\omega \in W_f^n)$ 给出的典范同构 $(\mathcal{O}/\wp^n)^\times \simeq \text{Gal}(k_\xi^n/k')$, 且此同构也不依赖于 f.

证明 参见 [60] 的 §3.6 和 §3.7. 特别要注意的是在 "相对" 扩张的情况下 k_ξ^n 实际上是 k 的 Abel 扩张, 而不仅仅是 k' 的 Abel 扩张. 首先, 因为它不依赖于 f, 故显然是 k 上的 Galois 扩张. 令 τ 是 φ 在 k_ξ^n 的延拓, $\sigma \in \text{Gal}(k_\xi^n/k')$, 不妨设 $\sigma = \sigma_u$. 因为同构 $u \mapsto \sigma_u$ 不依赖于 f, 所以 $\tau\sigma_u(\omega) = \tau([u^{-1}]_f(\omega)) = [u^{-1}]_{\varphi(f)}(\tau\omega) = \sigma_u(\tau\omega)$, 因此说明 σ 与 τ 是交换的. $\qquad\square$

§1.4 会有更多有关这些域及局部类域论的讨论. 映射 $u \mapsto \sigma_u$ 是众所周知的局部 Artin 符号. 要记住的一个事实是 k_ξ^n 是对应于 $k^\times$ 的子群 $\langle\xi\rangle \cdot (1 + \wp^n)$ 的类域

$(\langle \xi \rangle \cdot \mathcal{O}^\times,$ 若 $n=0)$. 若 k'' 是 k' 的 e 次非分歧扩域, 则 $k''k_\xi^n = k_{\xi'}^n$, 这里 $\xi' = \xi^e$. 特别地, 对任意 n, ξ_1 和 ξ_2, 存在 k'' 使得 $k''k_{\xi_1}^n = k''k_{\xi_2}^n$. 也可以参考 Iwasawa 的书 [33].

1.2   Coleman 幂级数

Robert Coleman 在 [15] 中引入了一种方法来处理局部域塔 k_ξ^n 的范相容序列. Coleman 幂级数是相伴于此序列的 $\mathcal{O}'$ 上的一个幂级数, 是一个简单但很灵巧的工具.

1.2.1 范算子: 符号同 §1.1. 令 $R = \mathcal{O}'[[X]], \xi \in k^\times, \nu(\xi) = d$ 及 $f \in \mathcal{F}_\xi$.

命题 1.2.1 存在唯一的乘性算子 $\mathcal{N}: R \to R$ (当我们想要强调其依赖于 f 时, $\mathcal{N} = \mathcal{N}_f$) 使得

$$\mathcal{N}h \circ f = \prod_{\omega \in W_f^1} h(X[+]\omega), \quad \forall h \in R. \tag{1.1}$$

(当然, 加法是形式群 F_f 中的.) 它还具有如下性质:

(i) $\mathcal{N}h \equiv h^\varphi \mod \wp'$,

(ii) $\mathcal{N}_{\varphi(f)} = \varphi \circ \mathcal{N}_f \circ \varphi^{-1}$,

(iii) 令 $\mathcal{N}_f^{(i)} = \mathcal{N}_{\varphi^{i-1}(f)} \circ \cdots \circ \mathcal{N}_{\varphi(f)} \circ \mathcal{N}_f$, 则有

$$(\mathcal{N}_f^{(i)}h) \circ f^{(i)}(X) = \prod_{\omega \in W_f^i} h(X[+]\omega).$$

(iv) 若 $h \in R$, $h \equiv 1 \mod \wp'^i$ $(i \geqslant 1)$, 则 $\mathcal{N}h \equiv 1 \mod \wp'^{i+1}$.

证明 显然 (1.1) 唯一地刻画了幂级数 $\mathcal{N}h$. 由 $\mathcal{N}(h_1 h_2) = \mathcal{N}(h_1)\mathcal{N}(h_2)$, 我们仅需说明如何构造 $\mathcal{N}h$. 令 $g_0(X)$ 为 (1.1) 右端所表示的幂级数, 那么有 $g_0(X[+]\omega) = g_0(X)$ $(\omega \in W_f^1)$, 所以由 Weierstrass 预备定理得 $g_0(X) - g_0(0) = g_1(X) \cdot f(X)$. 又因为 $g_1(X)$ 具有 W_f^1 平移不变性, 故类似地有 $g_1(X) - g_1(0) = g_2(X) \cdot f(X)$, 以此类推. 从而,

$$g_0(X) = g_0(0) + g_1(0)f(X) + g_2(0)f(X)^2 + \cdots,$$

且此无穷级数在 R 中拓扑下收敛. 记 $\mathcal{N}h = g_0(0) + g_1(0)X + g_2(0)X^2 + \cdots$, 则其满足 (1.1). 为证明 (i), 只需考虑

$$\mathcal{N}h(X^q) \equiv \mathcal{N}h \circ f \equiv h(X)^q \equiv h^\varphi(X^q) \mod \wp'.$$

(ii) 是明显的, 将 φ 应用到 (1.1) 即得. (iii) 在 $i = 1$ 的时候就是 (1.1), 为证明一般的情况成立我们可采用归纳法. 假设其在 $i-1$ 时成立, 则

$$
\begin{aligned}
\mathcal{N}_f^{(i)} h \circ f^{(i)}(X) &= \mathcal{N}_{\varphi(f)}^{(i-1)}(\mathcal{N}_f h) \circ \varphi(f)^{(i-1)}(f(X)) \\
&= \prod_{\beta \in W_{\varphi(f)}^{i-1}} \mathcal{N}_f h(f(X)[+]_{\varphi(f)}\beta) \qquad \text{(归纳)} \\
&= \prod_{\alpha \in W_f^i \bmod W_f^1} \mathcal{N}_f h(f(X[+]_f\alpha)) \qquad (f: W_f^i \to W_{\varphi(f)}^{i-1}) \\
&= \prod_{\alpha \in W_f^i \bmod W_f^1} \prod_{\gamma \in W_f^1} h(X[+]_f\alpha[+]_f\gamma) \qquad \text{(由 (1.1) 得到)} \\
&= \prod_{\omega \in W_f^i} h(X[+]_f\omega) \qquad \text{(合并在一起).}
\end{aligned}
$$

最后, 令 $\wp_n$ 是 k_ξ^n 的赋值理想 (故 $\wp_0 = \wp'$). 我们归纳地证明 (iv). 我们所需要的 $i-1$ 步是若 $h \equiv 1 \mod \wp'^i$, 则 $\mathcal{N}h \equiv 1 \mod \wp'^i$. 当 $i = 1$ 时, 容易直接验证. 现在令 $i \geqslant 1$, 考虑同余

$$
\mathcal{N}h(X^q) \equiv \mathcal{N}h \circ f \equiv h(X)^q \equiv 1 \mod \wp'^i \wp_1,
$$

其成立是因为 $h \equiv \mathcal{N}h \equiv 1 \bmod \wp'^i$. 因为 $\mathcal{N}h \in \mathcal{O}'[[X]]$, 所以 $\mathcal{N}h \equiv 1 \bmod \wp'^{i+1}$. $\square$

称 $\mathcal{N}$ 为 (Coleman) **范算子**. 注意如果 $h \in X^i R^\times (i \geqslant 0)$, 则有 $\mathcal{N}h \in X^i R^\times$, 所以 $\mathcal{N}$ 可扩张到 $\mathcal{O}'((X))^\times$ 上 ($\mathcal{O}'((X))$ 是 $\mathcal{O}'$ 上的 Laurent 级数环) 且同样的事实在它上面也成立. 我们主要将 $\mathcal{N}$ 应用到 $\mathcal{O}'((X))^\times$ 中的幂级数. 如果 a 在 $\mathcal{O}'$ 中, 则 $\mathcal{N}a = a^q$.

定理 1.2.2 令 $\beta = (\beta_n)$ 是 (k_ξ^n) 中的范相容序列 (即对 $n \geqslant 0$ 有 $\beta_n \in (k_\xi^n)^\times$ 且 $N_{m,n}(\beta_m) = \beta_n$, 这里对于 $m \geqslant n$, $N_{m,n}$ 是 k_ξ^m 到 k_ξ^n 的范映射). 令 $\nu(\beta)$ 是 β 的正规赋值 (即对任意 $n \geqslant 0$, $\beta_n\mathcal{O}_n = \wp_n^{-\nu(\beta)}$, 其中 $\mathcal{O}_n$ 和 $\wp_n$ 是 k_ξ^n 的赋值环和赋值理想). 取定 $f \in \mathcal{F}_\xi$ 及 $\omega_i \in W_{\varphi^{-i}(f)}^i \setminus W_{\varphi^{-i}(f)}^{i-1} = \tilde{W}_{\varphi^{-i}(f)}^i$ 使得 $(\varphi^{-i}(f))(\omega_i) = \omega_{i-1}(1 \leqslant i < \infty)$, 那么对所有 $i \geqslant 1$, 存在唯一的 $g_\beta \in X^{\nu(\beta)} \cdot \mathcal{O}'[[X]]^\times$ 满足 $\varphi^{-i}g_\beta(\omega_i) = \beta_i$.

证明 固定 $m \geqslant 1$. 因为 k_ξ^m 是 k' 的全分歧扩张, ω_m 是 k_ξ^m 的素元, 所以存在 $h \in X^{\nu(\beta)} R^\times$ 使得 $h(\omega_m) = \beta_m$. 对 $1 \leqslant n \leqslant m$ 有

$$
\begin{aligned}
(\mathcal{N}_{\varphi^{-m}f}^{(m-n)}h)(\omega_n) &= \mathcal{N}_{\varphi^{-m}f}^{(m-n)}h \circ (\varphi^{-m}f)^{(m-n)}(\omega_m) \\
&= \prod_{\alpha \in W_{\varphi^{-m}f}^{(m-n)}} h(\omega_m[+]\alpha) \\
&= \mathrm{N}_{m,n}h(\omega_m) = \beta_n.
\end{aligned} \tag{1.2}
$$

另一方面,

$$
\frac{\mathcal{N}_{\varphi^{-m}f}^{(m)}h}{\varphi^n(\mathcal{N}_{\varphi^{-m}f}^{(m-n)}h)} = \mathcal{N}_{\varphi^{n-m}f}^{(m-n)}h\left(\frac{\mathcal{N}_{\varphi^{-m}f}^{(n)}h}{\varphi^n h}\right) \equiv 1 \mod \wp'^{m-n+1}. \tag{1.3}
$$

第一个等式由乘性和命题 1.2.1(ii) 得到. 由事实 $h \in X^{\nu(\beta)}R^\times$ 及命题 1.2.1(i) 可知括号里的量是 $1 + \wp'R$. 同余式通过应用 1.2.1(iv) 得到. 令 $g_m = \mathcal{N}_{\varphi^{-m}f}^{(m)}h$, 结合 (1.2) 和 (1.3) 可推出对任意 $1 \leqslant n \leqslant m$ 有 $(\varphi^{-n}g_m)(\omega_n)/\beta_n \equiv 1 \mod \wp'^{m-n+1}$. 因为 $X^{\nu(\beta)}R^\times$ 是紧的, 故我们可以在其中选取 $\{g_m\}$ 的一个极限点 g, 则由连续性知对所有 $1 \leqslant n$ 有 $(\varphi^{-n}g)(\omega_n) = \beta_n$. Weierstrass 预备定理说明 $g = g_\beta$ 是唯一的, 所以 $g = \lim\limits_{m\to\infty} g_m$. 这样我们就完成了定理的证明. $\qquad\square$

为方便起见, 我们称 $(\omega_i)_{i\geqslant 0}$ 是 F_f 的 **Tate 模的生成元** (注意 ω_i 是 $F_{\varphi^{-i}(f)}$ 上的分点, 而非 F_f 上的), 并称 $g_\beta(X)$ 为 β 的 **Coleman 幂级数**. 它将 f 相容分点转换成了范相容元. 一个更强的结果在 "有限级 n" 成立, 但我们不需要它, 而且它的证明稍微有点复杂 (对 $k' = k$ 的 "绝对" 情形可参见 [15]).

推论 1.2.3 (i) $g_{\beta\beta'} = g_\beta \cdot g_{\beta'}$,

(ii) $\mathcal{N}_f(g_\beta) = g_\beta^\varphi$,

(iii) $g_\beta(0)^{1-\varphi^{-1}} = \beta_0 \qquad (\nu(\beta) = 0)$.

(iv) 若 $\sigma \in \mathrm{Gal}(k_\xi/k')$ 且 $\kappa(\sigma) \in \mathcal{O}^\times$ 是唯一的单位使得对任意 $\omega \in W_f$ 有 $\sigma(\omega) = [\kappa(\sigma)]_f(\omega)$ (其中可任取 $f \in \mathcal{F}_\xi$ —— 见命题 1.1.10; $k_\xi = \bigcup k_\xi^n, W_f = \bigcup W_f^n$), 则有 $g_{\sigma(\beta)} = g_\beta \circ [\kappa(\sigma)]_f$.

证明 第 (i) 条由 g_β 定义的性质容易得到. 对于第 (ii) 条注意到

$$
\begin{aligned}
\beta_{i-1} = \mathrm{N}_{i,i-1}\beta_i &= \prod_{\alpha \in W_{\varphi^{-i}f}^1} (\varphi^{-i}g_\beta)(\omega_i[+]_{\varphi^{-i}f}\alpha) \\
&= \mathcal{N}_{\varphi^{-i}f}(\varphi^{-i}g_\beta) \circ (\varphi^{-i}f)(\omega_i) \\
&= \varphi^{-i}(\mathcal{N}_f g_\beta)(\omega_{i-1}),
\end{aligned}
$$

从而我们有 $\beta_{i-1} = (\varphi^{1-i}g_\beta)(\omega_{i-1})$. 因此, $g_\beta^\varphi - \mathcal{N}_f g_\beta$ 有无穷个零点, 所以必须恒为 0. 第 (iii) 条可由 (ii) 得出, 因为当 $\nu(\beta) = 0$ 时, $g_\beta(0) = \varphi^{-1}(\mathcal{N}_f g_\beta)(0) =$

$\mathcal{N}_{\varphi^{-1}f}(\varphi^{-1}g_\beta)(\varphi^{-1}f(0)) = \prod_{\alpha \in W_{\varphi^{-1}f}^1}(\varphi^{-1}g_\beta)(\alpha) = \varphi^{-1}g_\beta(0) \cdot \mathrm{N}_{1,0}\beta_1 = \varphi^{-1}g_\beta(0) \cdot$ β_0. 注意 (iii) 与熟知的事实 $\mathrm{N}_{k'/k}(\beta_0) \in \langle \xi \rangle$ 是一致的, 且若 β 是单位, 则 $\mathrm{N}_{k'/k}(\beta_0)$ = 1. 最后, 第 (iv) 条可由 $\varphi^{-i}(g_\beta \circ [\kappa(\sigma)]_f)(\omega_i) = (\varphi^{-i}g_\beta) \circ [\kappa(\sigma)]_{\varphi^{-i}f}(\omega_i) = (\varphi^{-i}g_\beta)(\sigma\omega_i) = \sigma((\varphi^{-i}g_\beta)(\omega_i)) = \sigma\beta_i$ 得出. □

将推论 1.2.3 (iv) 推广到 $\sigma \in \mathrm{Gal}(k_\xi/k)$ 的情况可参看 (1.19).

1.3　单位上的测度

将 (经典的, 交换的) L 函数看作 Galois 群特征的函数, 或是 idèle 群的拟特征是有益的. 在此看法下, $\mathbf{N}\mathfrak{p}^{-s}$ 与 $\chi(\mathfrak{p})$ 地位是相当的, 因为它们都来自 idèle 群的特征.

p 进 (交换) L 函数, 比如 Kubota-Leopoldt, Deligne-Ribet, 或 Katz 考虑的, 应该从同样的角度来看待. 本节情况甚至会更好, 因为 A_0 型 (特别是绝对范映射 $\mathbf{N}$) 的理想群特征不能被解释成任何 Galois 群的 $\mathbb{C}$ 值特征, 但从 p 进角度考虑会更好, 即作为 $\mathbb{C}_p$ 值特征 ($\mathbb{C}_p$ 是 $\mathbb{Q}_p$ 的一代数闭包的完备化). 毋庸说, 此时 Galois 群是投射有限的, 而不必是有限群, 这个观点归于 Weil [82]. 作为群 G 的 p 进特征的函数, p 进 L 函数不仅是局部解析的函数, 它们还属于 Iwasawa 代数. 这意味着它们在特征 χ 处的值可通过对 χ 在 G 上关于 p 进测度积分得到. 实际上, p 进 L 函数可等同于测度, 见 [46] 和 [61]. 将其翻译成幂级数或 "s" 的函数是常规的做法, 但正如我们要解释的, 这并不总是有益的.

这一节我们首先回顾一些一般定义, 然后我们回到 §1.2 的情形, 但假设形式群的高度是 1 ($k = \mathbb{Q}_p$). Coleman 幂级数的方法用来将一个单位范相容序列转换成局部 Galois 群的测度, 这一重要步骤将在第二章的构造中凸显其重要性.

1.3.1　令 M 是一个 Abel 群, G 是一个投射有限群 (通常是一个 Galois 群). G 上一个 M 值**分布**是由 G 的紧开集的布尔代数到 M 的有限加性函数. 我们记 G 的 M 值分布构成的 Abel 群为 $\Lambda(G, M)$. 若 A 是交换环, M 是 A 代数, 则 $\Lambda(G, M)$ 也是 A 代数, 并且 $\Lambda(G, A)$ 是以**卷积**为乘积的环. λ 和 μ 的卷积定义如下: 若 U 是紧开集, 则子群 $H = \{\gamma \in G \mid U\gamma = U\}$ 亦然, 所以 $G = \bigcup_{i=1}^n \sigma_i H$ 是一个无交并. 定义 $(\lambda \cdot \mu)(U) = \sum_{i=1}^n \lambda(U\sigma_i^{-1}) \cdot \mu(\sigma_i H) \quad (= \int_G \lambda(U\sigma^{-1})d\mu(\sigma))$.

定义 1.3.1　设 $M \subset \mathbb{C}_p$. 如果 M 是有界的 (存在某个 R 使得对所有 $x \in M$ 满足 $|x| \leqslant R < \infty$), 那么我们称一个 M 值分布为 **p 进测度**. 如果 $M \subset \mathbb{D}_p = \{x \in \mathbb{C}_p \mid |x| \leqslant 1\}$, 那么我们称之为**整测度**.

如果 G 是有限群, 那么在映射 $\lambda \mapsto \sum_{\sigma \in G} \lambda(\{\sigma\})\sigma$ 下有同构 $\Lambda(G, M) \simeq$

$M[G]$. 如果 $M = A$ 是交换环, 那么卷积对应于通常的乘积. 一般地, $\Lambda(G, M) = \varprojlim_H \Lambda(G/H, M) \simeq \varprojlim_H M[G/H] = M[[G]]$ (记号), 这里逆极限是对 G 中的有限指数正规子群族而言的. $M[G]$ 在 $M[[G]]$ 中稠密.

当 $M = \mathbb{Z}_p, G = \Gamma$ 时便得到 (标准) Iwasawa 代数, 这里 Γ 是一个同构于 $\mathbb{Z}_p$ 的群 (通常当 p 是奇素数时为 $1 + p\mathbb{Z}_p$, 当 $p = 2$ 时为 $1 + 4\mathbb{Z}_2$). 众所周知在此情形下有非典范同构 $\Lambda \simeq \mathbb{Z}_p[[S]]$. 此同构依赖于 Γ 的拓扑生成元 u 的选择, 且将 u^α 映成 $(1 + S)^\alpha$. 当 $\Gamma = \mathbb{Z}_p$ (取加法) 时, 我们自然地取 $u = 1$. 此时对应于 μ 的幂级数 $P_\mu(S)$ 为

$$P_\mu(S) = \int_{\mathbb{Z}_p} (1 + S)^\alpha d\mu(\alpha). \tag{1.4}$$

如果 $\chi : G \to \mathbb{C}_p$ 是任意连续映射, λ 是一个 p 进测度, 那么 Riemann 积分 $\int_G \chi(\sigma) d\lambda(\sigma)$ 存在. χ 可简单地用局部常值函数一致地逼近, 特别地, 若 $\chi \in \mathrm{Hom}(G, \mathbb{C}_p^\times)$, 则有

$$\int_G \chi d(\lambda\mu) = \int_G \chi d\lambda \cdot \int_G \chi d\mu. \tag{1.5}$$

$\Lambda(G, A)$ 中的 增广理想 是映射 $\mu \mapsto \mu(G)$ 的核.

最后, 我们假设 G 是交换的, 并令 $S \subset \Lambda(G, A)$ 是所有非零因子的乘法集. 一个 伪测度 是 $S^{-1}\Lambda(G, A)$ 中的一个元素 λ/s. 若 $\chi \in \mathrm{Hom}(G, \mathbb{C}_p^\times)$ 且 $\int \chi ds \neq 0$, 则令 $\int \chi d(\lambda/s) = \int \chi d\lambda / \int \chi ds$. 在 (1.5) 的观点下, 此定义是合理的.

注记 1.3.2　如果 G 有一系列子群, 其指数可被任意 p 的幂整除, 那么 G 上没有非平凡的平移不变 p 进测度. 因而, 在我们的框架下就没有 Haar 测度.

1.3.2　测度的形式构造:
我们回到 §1.1 和 §1.2 的情形, 并从现在开始假设 F_f 是高度为 1 的相对 Lubin-Tate 群, 则 $k = \mathbb{Q}_p, \mathcal{O} = \mathbb{Z}_p$ 及 k' 是 $\mathbb{Q}_p$ 的非分歧扩张. 由命题 1.1.7 知存在一个 k^{ur} 的完备化的整数环上的同构

$$\theta : \hat{\mathbb{G}}_m \simeq F_f, \quad T = \theta(S) = \Omega \cdot S + \cdots \in \mathcal{O}_K[[S]]. \tag{1.6}$$

令 $f(T) = \pi' T + \cdots$ 是 F_f 的特殊自同态, $\hat{\mathbb{G}}_m$ 的特殊自同态自然是 $[p](S) = pS + \cdots$, 那么命题 1.1.7 蕴含

$$\Omega^{\varphi - 1} = \pi'/p, \quad f \circ \theta = \theta^\varphi \circ [p], \tag{1.7}$$

这里 φ 是通常的 Frobenious 自同构.

固定一组 p^n 次本原单位根 $\zeta_n (n \geq 0)$ 使得 $\zeta_n^p = \zeta_{n-1}$. 令

$$\omega_n = \theta^{\varphi^{-n}}(\zeta_n - 1), \tag{1.8}$$

我们可知 $\omega_n \in \tilde{W}_{\varphi^{-n}f}^n$ 及 $(\varphi^{-n}f)(\omega_n) = \omega_{n-1}$. 因此, 在定理 1.2.2 的意义下 (ω_n) 是 F_f 的 Tate 模的一个生成元.

令 $\lambda = \lambda_f$ 是 F_f 的对数, 正规化使得 $\lambda'(0) = 1$, 则 $\lambda'(T) \in \mathcal{O}'[[T]]^{\times}$ (见 $\diamond$ 1.1.1 段).

1.3.3 对任意局部域 k 令 $U(k)$ 是**主单位** (模 $\wp$ 同余 1 的单位) 的子群. 令

$$\beta = (\beta_n) \in \mathcal{U} = \varprojlim U(k_\xi^n) \tag{1.9}$$

是域塔 $k_\xi^n = k'(W_f^n)$ 中主单位的范相容序列. 在定理 1.2.2 中, 我们赋予 β 一个幂级数 $g_\beta(T) \in \mathcal{O}'[[T]]^{\times}$ 使得 $(\varphi^{-n}g_\beta)(\omega_n) = \beta_n$ $(n \geq 1)$. 因为 β_n 是主单位, 所以 $g_\beta \equiv 1 \mod (\wp', T)$, 然后对其取对数并利用 $\log(1+h)$ 的幂级数展开式, 从而得到 $\log g_\beta \in k'[[T]]$.

引理 1.3.3 幂级数

$$\widetilde{\log g_\beta}(T) = \log g_\beta(T) - \frac{1}{p} \sum_{\omega \in W_f^1} \log g_\beta(T[+]\omega) \tag{1.10}$$

是整系数的.

证明 令 $g = g_\beta$. 因为 $g^p = g^\varphi \circ f \mod \wp'$, 所以我们由推论 1.2.3(ii) 知 $g^p \equiv \prod g(T[+]\omega) \mod \wp'$. 取对数并注意到在 $\mathcal{O}'$ 中对 $n \geq 1$ 有 $np \mid p^n$, 我们可以看到 p 乘以 (1.10) 的右端同余 $0 \mod \wp'$, 故引理得证. $\quad\square$

注记 1.3.4 (1.10) 也等于 $\log g_\beta - \frac{1}{p}\log(g_\beta^\varphi \circ f)$.

令 $\tilde{a}_\beta(S) = \widetilde{\log g_\beta} \circ \theta(S) \in \mathcal{O}_K[[S]]$, μ_β 是 $\mathbb{Z}_p$ 上的 $\mathcal{O}_K$ 值测度使得 $P_\mu = \tilde{a}_\beta$. 换句话说,

$$\tilde{a}_\beta(S) = \int_{\mathbb{Z}_p} (1+S)^\alpha d\mu_\beta(\alpha). \tag{1.11}$$

事实上测度 μ_β 的支集是 $\mathbb{Z}_p^{\times}$, 这是 (1.10) 的结果——去掉在 p 处的 Euler 因子, 若不然我们只能得到一个分布而不是测度. 实际上, 若令 $\tilde{\mu} = \mu|_{\mathbb{Z}_p^{\times}}$, 通过将 $p\mathbb{Z}_p$ 映射成 0 将其扩张到 $\mathbb{Z}_p$ 上, 则 $P_{\tilde{\mu}} = \tilde{P}_\mu$, 这里

$$\tilde{P}_\mu(S) = P_\mu(S) - \frac{1}{p}\sum_{\zeta^p=1} P_\mu(\zeta(1+S) - 1). \tag{1.12}$$

又因为 $P_\mu = \tilde{a}_\beta$, (1.10) 推出 $\tilde{P}_\mu = P_\mu$, 故 $\tilde{\mu} = \mu$.

我们现在可以利用同构

$$
\begin{cases}
\kappa : G \simeq \mathbb{Z}_p^\times, & G = \mathrm{Gal}(k_\xi/k'), \\
\sigma(\omega) = [\kappa(\sigma)]_f(\omega), & \omega \in W_f
\end{cases}
\tag{1.13}
$$

将 μ_β 拉回到 G 上. (参看推论 1.2.3(iv). 注: 当我们通过局部 Artin 符号考察 κ 时——见命题 1.1.10——σ 要转换成 σ^{-1}.) 我们仍将其测度记为 μ_β.

定义 1.3.5 对任意 $\beta \in \mathcal{U}$, 令 μ_β 是 $G = \mathrm{Gal}(k_\xi/k')$ 上的 $\mathcal{O}_K$ 值测度, 满足

$$
\widetilde{\log g_\beta} \circ \theta(S) = \int_G (1+S)^{\kappa(\sigma)} d\mu_\beta(\sigma).
\tag{1.14}
$$

映射 $\beta \mapsto \mu_\beta$ 的一些基本性质总结如下:

引理 1.3.6 (i) $\mu_{\beta\beta'} = \mu_\beta + \mu_{\beta'}$.

(ii) 令 $\gamma \in G$, 则 $\mu_{\gamma(\beta)}(\gamma U) = \mu_\beta(U)$.

(iii) μ_β 仅依赖于 (ζ_n) 的选取. 如果 $\zeta_n' = \zeta_n^{\kappa(\gamma)}$ ($\gamma \in G$), 则相应的测度由 $\mu_\beta'(U) = \mu_\beta(\gamma U)$ 给出.

证明 (i) 和 (ii) 由推论 1.2.3 的 (i) 和 (iv) 以及 (1.14) 得出. 第 (iii) 条可类似证明, 留给读者作为练习. □

令 $\mathcal{G} = \mathrm{Gal}(k_\xi/k)$, 使得 $\mathcal{G}/G = \mathrm{Gal}(k'/k)$ 是 d 阶循环群. 设 U 是 $\mathcal{G}$ 的开集, 含在 G 的某陪集中. 若 $\gamma U \subset G$, 则定义 $\mu_\beta(U) = \mu_{\gamma(\beta)}(\gamma U)$ (现在 $\gamma \in \mathcal{G}$). 引理 1.3.6(ii) 说明它不依赖于 γ. 我们现在可将 μ_β **扩张成 $\mathcal{G}$ 的测度**, 从而得到一个映射 $i : \mathcal{U} \to \Lambda(\mathcal{G}, \mathcal{O}_K)$, $i(\beta) = \mu_\beta$. 因为当 $\beta \neq 1$ 时 g_β 非常数, (1.14) 说明 i 是单射. 引理 1.3.6 有如下推论:

推论 1.3.7 映射 i 是 $\mathbb{Z}_p[[\mathcal{G}]]$ 模单同态.

1.3.4 Coates-Wiles 同态:

这些 μ_β 的变体最早由 Kummer ([40] p.493) 考虑, 也被称为 **Kummer 对数导数**. 令 $D = \frac{\Omega}{\lambda'(T)} \frac{d}{dT}$ 是 $\mathcal{O}_K$ 上的形式群 F_f 的平移不变导子 (Ω 由 (1.6) 给出). 令 $T = \theta(S)$, 利用 $\lambda \circ \theta(S) = \Omega \cdot \log(1+S)$, 我们可以看到在表示成 S 的项后, $D = (1+S)\frac{d}{dS}$, 这是 $\hat{\mathbb{G}}_m$ 的标准平移不变导子. μ_β 的**矩**由如下公式给出:

$$
\int_G \kappa(\sigma)^k d\mu_\beta(\sigma) = D^k \widetilde{\log g_\beta}(0) \quad (k \geqslant 0).
\tag{1.15}
$$

当 F_f 是 (绝对) Lubin-Tate 群时, φ 平凡地作用到 $g_\beta(T)$ 上, 上式也可以写成 $(1 - \frac{\pi^k}{p})D^k \log g_\beta(0)$, $\pi = f'(0)$.

定义 1.3.8 映射 $\varphi_k(\beta) = \int_G \kappa(\sigma)^k d\mu_\beta(\sigma)$ 称为 k 次 **Coates-Wiles 同态**.

它满足

(i) $\varphi_k(\beta\beta') = \varphi_k(\beta) + \varphi_k(\beta')$.

(ii) $\varphi_k(\gamma(\beta)) = \kappa(\gamma)^k \cdot \varphi_k(\beta)$ $(\gamma \in G)$.

对 $k \geqslant 0$ 将 φ_k 放在一起可在 G (非 $\mathcal{G}$) 上唯一地决定 μ_β.

1.3.5 另一个有用的公式是对 $\mu_\beta(G_n)$ 而言的, 这里 $G_n = \mathrm{Gal}(k_\xi/k_\xi^n) = \kappa^{-1}(1 + p^n\mathbb{Z}_p), n \geqslant 1$. 由 (1.11) 可立即导出

$$\mu_\beta(G_n) = \frac{1}{p^n}\sum_{j=0}^{p^n-1}\tilde{a}_\beta(\zeta_n^j - 1)\cdot\zeta_n^{-j}. \tag{1.16}$$

这里 ζ_n 可以是任意的 p^n 本原单位根. 若将 $\tilde{a}_\beta$ 换成 a_β 公式依然成立.

1.3.6 令 $N \geqslant 0$ 是满足 $\zeta_N \in k_\xi$ 的最大整数. 如果 $[k' : \mathbb{Q}_p] = d$, 局部类域论说明 N 是使得 $p^d\xi^{-1} \equiv 1 \mod p^N$ 成立的最大整数 (见命题 1.1.10 之后的讨论). $N = \infty$ 当且仅当在 $\mathcal{O}'$ 上有 $F_f \cong \hat{\mathbb{G}}_m$. 我们称 N 为 F_f 的**反常指数** (在 k' 上), 若 $N > 0$ 则称 F_f 是反常的. 因为 $\mathcal{G}$ 作用在 μ_{p^N} 上, 所以 $\mathcal{O}_K \otimes \mu_{p^N} = \mathcal{O}_K/p^N(1)$ (Tate 扭转) 是一个 $\Lambda(\mathcal{G}, \mathcal{O}_K)$ 模.

令 $\mathbf{N} : \mathcal{G} \to (\mathbb{Z}/p^N\mathbb{Z})^\times$ 是群 $\mathcal{G}$ 在 μ_{p^N} 上的作用给出的特征. 注意到对 $\gamma \in G$ 有 $\mathbf{N}(\gamma) \equiv \kappa(\gamma) \mod p^N$. 由下式定义映射 $j : \Lambda(\mathcal{G}, \mathcal{O}_K) \to \mathcal{O}_K/p^N(1)$:

$$j(\mu) = \int_\mathcal{G}\mathbf{N}(\sigma)d\mu(\sigma),$$

则 j 是 $\mathcal{G}$ 模的满同态. 在如下的关键结果里 i 被线性地扩张到完备张量积 $\mathcal{U}\hat{\otimes}_{\mathbb{Z}_p}\mathcal{O}_K$ 上, 其证明将占据这一节的剩余部分.

定理 1.3.9 序列

$$0 \to \mathcal{U}\hat{\otimes}_{\mathbb{Z}_p}\mathcal{O}_K \xrightarrow{i} \Lambda(\mathcal{G}, \mathcal{O}_K) \xrightarrow{j} \mathcal{O}_K/p^N(1) \to 0 \tag{1.17}$$

是正合的 (若 $N = \infty$ 正合列则以 $\mathcal{O}_K(1)$ 结束).

证明 我们前面提到 j 是满射, 接下来将说明 $j \circ i = 0$. 令 $\beta \in \mathcal{U}$. 在 (1.15) 基础上计算可得

$$\int_G \mathbf{N}(\sigma)d\mu_\beta(\sigma) \equiv \int_G \kappa(\sigma)d\mu_\beta(\sigma) \equiv \Omega\frac{g'_\beta(0)}{g_\beta(0)} - \left(\Omega\frac{g'_\beta(0)}{g_\beta(0)}\right)^\varphi \mod p^N.$$

现在 κ 可按如下方式扩张到 $\mathcal{G}$ 上. 若 $\sigma \in \mathcal{G}$, 则存在唯一的同构 $h : F_f \simeq F_{\sigma(f)}$ 使得对所有 $\omega \in W_f$ 满足 $h(\omega) = \sigma(\omega)$. 这里存在唯一的 $\kappa(\sigma) \in \mathcal{O}'^\times$ 使得 h 具有 $[\kappa(\sigma)]_{f,\sigma(f)}$ 的形式, 且 $\kappa(\sigma)^{\varphi-1} = f'(0)^{\sigma-1}$. 从而 $\kappa : \mathcal{G} \to (\mathcal{O}')^\times$ 是 1-上闭链

$$\kappa(\sigma\tau) = \kappa(\sigma)^\tau \cdot \kappa(\tau), \tag{1.18}$$

推论 1.2.3(iv) 的推广是

$$g_{\sigma(\beta)} = g_\beta^\sigma \circ [\kappa(\sigma)]_{f,\sigma(f)}. \tag{1.19}$$

由 μ_β 的定义我们有

$$\int_{\mathcal{G}} \mathbf{N}(\sigma)d\mu_\beta(\sigma) \equiv \sum_{i=0}^{d-1} \varphi^i(1-\varphi)\left(\Omega\frac{g'_\beta(0)}{g_\beta(0)}\right)$$
$$\equiv \Omega\frac{g'_\beta(0)}{g_\beta(0)} \cdot \left(1 - \frac{\xi}{p^d}\right) \equiv 0 \mod p^N.$$

这就证明了 $j \circ i = 0$. 剩下的部分非常困难, 我们首先将其化简到 $\hat{\mathbb{G}}_m$ 的情形 (见下面 1.3.7 段), 尽管不是必须如此处理. □

1.3.7 我们稍微换一下视角. 局部 Artin 映射将 $\mathcal{U} = \varprojlim U(k_\xi^n)$ 等同于 $\mathrm{Gal}(k^{\mathrm{ur}}M(k_\xi)/k^{\mathrm{ab}})$, 这里对任意 $L, M(L)$ 是 L 的**极大 Abel p 扩张**. 将 F_f 看作 k'' 上的形式群, 其中 k'' 是 k' 的非分歧扩张. 令 $\mathcal{G}' = \mathrm{Gal}(k''k_\xi/k), \mathcal{U}' = \varprojlim U(k''k_\xi^n)$ (注: $k''k_\xi^n = k_{\xi'}^n$, 这里 $\xi' = \xi^{[k'':k']}$), 我们可以得到如同 (1.17) 的正合列, 但是在 k'' 上. 两个正合列通过如下交换图联系在一起:

$$\begin{array}{ccccccccc} 0 & \to & \mathcal{U}'\hat{\otimes}\mathcal{O}_K & \xrightarrow{i'} & \Lambda(\mathcal{G}',\mathcal{O}_K) & \xrightarrow{j'} & \mathcal{O}_K/p^{N'}(1) & \to & 0 \\ & & \downarrow & & \downarrow & & \downarrow & & \\ 0 & \to & \mathcal{U}\hat{\otimes}\mathcal{O}_K & \xrightarrow{i} & \Lambda(\mathcal{G},\mathcal{O}_K) & \xrightarrow{j} & \mathcal{O}_K/p^N(1) & \to & 0. \end{array} \tag{1.20}$$

第一个垂直箭头是 $\mathrm{N}_{k''/k'} \otimes 1$, 中间的是由投射 $\mathcal{G}' \to \mathcal{G}$ 导出的映射, 第三个是典范映射. 所有这三个都是满射. 关于 $k' \subset k'' \subset k^{\mathrm{ur}}$ 取投射极限, 我们得到

$$0 \to \mathrm{Gal}(M(k^{\mathrm{ab}})/k^{\mathrm{ab}})\hat{\otimes}\mathcal{O}_K \xrightarrow{i} \Lambda(\mathcal{G}_a,\mathcal{O}_K) \xrightarrow{j} \mathcal{O}_K(1) \to 0, \tag{1.21}$$

这里 $\mathcal{G}_a = \mathrm{Gal}(k^{\mathrm{ab}}/k)$, 并且我们利用 Artin 映射将 $\varprojlim\mathcal{U}'$ 等同于 Galois 群.

引理 1.3.10 (1.21) 正合当且仅当 (1.17) 也正合 (对所有 k').

证明 如果 (1.17) 对每个 k' 都正合, 那么 (1.21) 也是, 这是因为 (1.20) 的垂直箭头是满射. 假设 (1.21) 是正合的. 令 $H = \mathrm{Gal}(k^{\mathrm{ab}}/k_\xi) \cong \mathrm{Gal}(k^{\mathrm{ur}}/k')$ 且令 α 是 H 的生成元, 其在 k^{ur} 上的限制是 φ^d, 则 (1.17) 是 (1.21) 的 α-余不变量序列 (模 E 的 α-余不变量是 $E/(\alpha - 1)E$). 如果 $(\alpha - 1)|_{\mathcal{O}_{K(1)}}$ 是单射, 则蛇引理将给出证明. 这总是如此, 除非在 $\mathcal{O}'$ 有 $F_f \simeq \hat{\mathbb{G}}_m$, 因为在 $\hat{\mathbb{G}}_m$ 的情形我们可以直接证明该定理, 所以我们可假设在 $\mathcal{O}'$ 有 $F_f \not\simeq \hat{\mathbb{G}}_m$. $\square$

(1.21) 的优势在于没有出现特殊的形式群. 以下命题本身就很有趣.

命题 1.3.11 (1.21) 的同态 i 和 j 不依赖于 k', ξ 或 $f \in \mathcal{F}_\xi$, 换言之, 它们仅典范地相伴于 $k = \mathbb{Q}_p$.

证明 设 F_1 和 F_2 是定义在 $\mathcal{O}'$ 上的两个相对 Lubin-Tate 群. 令 $\tau \in \mathrm{Gal}(M(k^{\mathrm{ab}})/k^{\mathrm{ab}})$, 再令 $i_1(\tau) = \mu_1$ 及 $i_2(\tau) = \mu_2$ 是相伴于 τ 在 $\mathcal{G}_a$ 上的测度 (相对于 F_1 和 F_2). 设 $\theta_1 : \hat{\mathbb{G}}_m \simeq F_1$ 及 $\eta : F_1 \simeq F_2$ 是 $\mathcal{O}_K$ 上的同构, $\theta_2 = \eta \circ \theta_1$, 并令 $\omega_{1,n} = (\varphi^{-n}\theta_1)(\zeta_n - 1)$ 及类似地定义 $\omega_{2,n}$, 如 (1.8) 所示. 记 $k_1^n = k'(\omega_{1,n})$, 类似地以 k_2^n 表示前面出现的域 k_ξ^n. 对每个 n 存在 k' 的一个非分歧扩张 k'' 使得 $k''k_1^n = k''k_2^n$ (见命题 1.1.10 后面注记). 对每对 (n, k'') 考虑 $\mathcal{G}_a$ 的形如 $H = \mathrm{Gal}(k^{\mathrm{ab}}/k''k_1^n)$ 的子群集 $\mathcal{S}$. $\mathcal{S}$ 是 0 处的邻域基, 我们将证明对 $H \in \mathcal{S}$ 有 $\mu_1(H) = \mu_2(H)$. 对于所有的 τ, 这将证明我们的断言, 因为

$$i(\tau)(\sigma H) = i(\tilde{\sigma}^{-1}\tau\tilde{\sigma})(H), \tag{1.22}$$

这里 $\sigma \in \mathcal{G}_a, \tilde{\sigma}$ 是任意的到 $M(k^{\mathrm{ab}})$ 的扩张, i 是 i_1 或 i_2 (见引理 1.3.6 (ii)).

因此如上固定 n 和 k'', 并在 k'' 上考虑 F_1 和 F_2. 令 $\beta_1 = (\beta_{1,m}) \in \mathcal{U}_1 = \varprojlim U(k''k_1^m)$, 类似地对应于 τ 令 $\beta_2 \in \mathcal{U}_2$, 则对 $0 \leqslant m \leqslant n$ 有 $\beta_{1,m} = \beta_{2,m}$. 域的交换图如下:

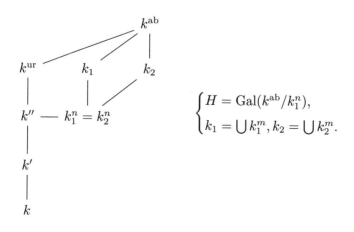

令 g_1 和 g_2 是 β_1 和 β_2 的 Coleman 幂级数 (相对于 F_1 和 F_2). 由 (1.16) 我们得到

$$\mu_1(H) = \frac{1}{p^n} \sum_{j=0}^{p^n-1} \log g_1 \circ \theta_1(\zeta_n^j - 1) \cdot \zeta_n^{-j}, \qquad (1.23)$$

可类似地得到 $\mu_2(H)$ 的等式. 现在对 $0 < m \leqslant n$ 有

$$\varphi^{-m}(g_1 \circ \theta_1)(\zeta_m - 1) = \beta_{1,m} = \beta_{2,m} = \varphi^{-m}(g_2 \circ \theta_2)(\zeta_m - 1),$$

故将 φ 扩张到 k^{ab} 以便固定所有的 ζ_m, 将 φ^m 作用到上一个等式, 我们便得到 $g_1 \circ \theta_1(\zeta_m - 1) = g_2 \circ \theta_2(\zeta_m - 1)$. 由 $\mathrm{Gal}(K(\zeta_m)/K)$ 的共轭作用知对所有的 $0 < j \leqslant p^n - 1$ 成立 $g_1 \circ \theta_1(\zeta_n^j - 1) = g_2 \circ \theta_2(\zeta_n^j - 1)$, 但仍需说明 $g_1(0) = g_2(0)$. 注意到 $X^{-1}((1+X)^{p^n} - 1)$ 整除 $g_1 \circ \theta_1 - g_2 \circ \theta_2$, 故 $g_1(0) \equiv g_2(0) \mod p^n$. 现在在 k' 上考虑 F_1 和 F_2, 令 $b_1 = \mathrm{N}_{k''/k'}\beta_1, b_2 = \mathrm{N}_{k''/k'}\beta_2$ 对应于 τ 在 k' 上的局部单位的逆系统, $h_1 = \mathrm{N}_{k''/k'}g_1, h_2 = \mathrm{N}_{k''/k'}g_2$ 是它们的 Coleman 幂级数. 易得 $h_1(0) \equiv h_2(0) \mod p^n$. 当 k' 被取定, b_i 和 h_i 也随之固定, n 可以选得任意大, 因此 $h_1(0) = h_2(0)$. 以 k'' 替换 k' 重复此论证, 我们可以推出 $g_1(0) = g_2(0)$, 从而此命题得证. $\qquad \square$

1.3.8 命题 1.3.11 说明只需在 $F_f = \hat{\mathbb{G}}_m$ (在任意的 k' 上) 的情形证明我们的定理 1.3.9 就足够了. 在此情形下我们实际上证明

$$0 \to \mathcal{U} \otimes_{\mathbb{Z}_p} \mathcal{O}' \xrightarrow{i} \mathcal{O}'[[\mathcal{G}]] \xrightarrow{j} \mathcal{O}'(1) \to 0 \qquad (1.24)$$

是正合的 (注意现在映射 i 将 $\mathcal{U}$ 映到 $\mathcal{O}'[[\mathcal{G}]]$ 里). (1.17) 的正合性从 $\mathcal{O}_K$ 在 $\mathcal{O}'$ 上的 (拓扑的) 平坦性得出. 这里有两点需要验证, i 的单性 (只有当 $k = k'$ 的时候是显然的), 及对任意的 $\mu \in \mathrm{Ker}(j)$ 存在某个合适的 β 使得 $\mu_\beta = \mu$. 我们开始讨论三个引理, 这归于 Coleman [16].

引理 1.3.12 令 $\mathcal{N}$ 是 $\hat{\mathbb{G}}_m$ 在 $\mathcal{O}'$ 上的范算子 (见命题 1.2.1). 令 $\mathcal{O}'/\wp' = \mathbb{F}_q$, 则对任意 $\bar{g} \in \mathbb{F}_q[[S]]^\times$ 存在 $g \in \mathcal{O}'[[S]]^\times$ 使得 $\mathcal{N}g = g^\varphi$ 及 $\bar{g} = g \mod \wp'$.

证明 令 g_0 是 $\bar{g}$ 的任一提升, $g_i = \varphi^{-i}\mathcal{N}^{(i)}g_0$. 由命题 1.2.1(i) 和 (iv) 得 $g = \lim g_i$ 且满足 $\mathcal{N}g = g^\varphi$ 及 $g \equiv g_0 \mod \wp'$ (对比定理 1.2.2 的证明). $\qquad \square$

引理 1.3.13 考虑映射 $\partial : \mathbb{F}_q[[X]]^\times \to \mathbb{F}_q[[X]]$, $\partial g = X \cdot g'/g$. ∂ 的像由所有满足 $c_{pn} = c_n^p$ 的幂级数 $h = \sum_{n=1}^\infty c_n X^n$ 构成.

证明 模去 $\mathbb{F}_q^\times$ 后——其属于 $\mathrm{Ker}(\partial)$, $\mathbb{F}_q[[X]]^\times$ (拓扑上) 由 $1 - aX^k$ 生成, 这里

$a \in \mathbb{F}_q^{\times}$ 及 $k \geqslant 1$. 因为

$$\partial(1 - aX^k) = -k \cdot \sum_{j=1}^{\infty} a^j X^{jk} \tag{1.25}$$

满足条件 $c_{pn} = c_n^p$, 所以还需说明这是仅有的限制. 令 $h = \sum_{n=1}^{\infty} c_n X^n$ 如上所述. 如果 $p \nmid k$, 则 $\partial(1 - aX^k) \equiv -kaX^k \mod X^{k+1}$, 因此对与 p 互素的 k, 将形如 (1.25) 的幂级数依次相加, 我们在 ∂ 的像中找到一个幂级数, 其系数 c_n 至少在 $p \nmid n$ 处与 h 的相同. 但因为 $c_{pn} = c_n^p$ 对 h 成立, 同样对 (1.25) 也成立, 该幂级数自动与 h 相符. □

引理 1.3.14 令 $\mathcal{E}$ 是所有满足

$$h^{\varphi}((1+X)^p - 1) = \frac{1}{p} \sum_{\zeta^p = 1} h(\zeta(1+X) - 1) \tag{1.26}$$

的 $h \in \mathcal{O}'[[X]]$ 生成的子群, 则 $X(1+X)^{-1} \cdot \mathcal{E} \mod \wp' = \mathrm{Image}(\partial)$.

证明 对任意 h, (1.26) 的右端是一个整幂级数, 平行于命题 1.2.1 的讨论可说明存在唯一的 $\mathcal{S}h \in \mathcal{O}'[[X]]$ 使得

$$\mathcal{S}h((1+X)^p - 1) = \frac{1}{p} \sum_{\zeta^p = 1} h(\zeta(1+X) - 1). \tag{1.27}$$

我们对 $\mathcal{E} = \{h \mid \mathcal{S}h = h^{\varphi}\}$ 感兴趣. 令 $\delta : \mathcal{O}'[[X]]^{\times} \to \mathcal{O}'[[X]]$, $\delta g = (1+X)g'/g = D \log g$. ($D = (1+X)\frac{d}{dX}$ 是 $\hat{\mathbb{G}}_m$ 上的平移不变导子.) 从而 $\partial \equiv X(1+X)^{-1}\delta \mod \wp'$. 如果 $\mathcal{N}g = g^{\varphi}$, 则 $\mathcal{S}(\delta g) = (\delta g)^{\varphi}$, 所以考虑到引理 1.3.12 有 $X(1+X)^{-1} \cdot \mathcal{E} \mod \wp' \supset \mathrm{Image}(\partial)$. 假设这是一个严格包含. 由引理 1.3.13 中 $\mathrm{Image}(\partial)$ 的描述可知, 存在某个 $h \in \mathcal{E}$ 使得 $X(1+X)^{-1}h \equiv \sum_{n=1}^{\infty} c_n X^{pn} \mod \wp'$ 且不是所有的 $c_n \equiv 0 \mod \wp'$. 等价地, $h \equiv \sum_{n=1}^{\infty} c_n(X^{pn-1} + X^{pn}) \mod \wp'$. 然而, 通过简单的假设可看出 $\mathcal{S}(X^{pn}) \equiv X^n$ 及 $\mathcal{S}(X^{pn-1}) \equiv X^{n-1} \mod \wp'$, 这与 $\mathcal{S}h = h^{\varphi}$ 矛盾, 故引理得证. □

推论 1.3.15 映射 $\delta g = (1+X)g'/g$ 将 $\{g \in \mathcal{O}'[[X]]^{\times} \mid \mathcal{N}g = g^{\varphi}\}$ 映满到 $\{h \in \mathcal{O}'[[X]] \mid \mathcal{S}h = h^{\varphi}\}$. 它的核由 $\mathcal{O}'$ 内的单位根组成.

证明 令 $\mathcal{M}$ 是第一个群, $\mathcal{E}$ 是第二个群. 显然 δ 将 $\mathcal{M}$ 映到 $\mathcal{E}$, 引理 1.3.14 说明 $\delta(\mathcal{M}) \mod \wp' = \mathcal{E}/p\mathcal{E}$, 故 $\delta(\mathcal{M}) = \mathcal{E}$. 关于核的陈述是明显的. 这个推论就是我们完成证明所需要的. □

引理 1.3.16 令 ν 是 $\mathbb{Z}_p^{\times}$ 上的 $\mathcal{O}'$ 值测度, 并设 $\mathrm{Tr}_{k'/k}(\nu(\mathbb{Z}_p^{\times})) = 0$, 则存在满足

(1.26) (即 $\mathcal{S}h = h^\varphi$) 的 $h \in \mathcal{O}'[[X]]$ 使得

$$\tilde{h}(X) = h(X) - \frac{1}{p}\sum_{\zeta^p=1} h(\zeta(1+X)-1) = h(X) - h^\varphi((1+X)^p - 1)$$

(见 (1.12)), $\tilde{h}(X) = \int_{\mathbb{Z}_p^\times}(1+X)^\alpha d\nu(\alpha)$.

证明 通过 (1) $\nu(p^iU) = \varphi^i\nu(U)$ $(U \subset \mathbb{Z}_p^\times)$, (2) $\nu(p^{id}\mathbb{Z}_p) = 0$ $(d = [k':k])$ 将 ν 扩张成 $\mathbb{Z}_p$ 上的测度. 因为 $\text{Tr}_{k'/k}(\nu(\mathbb{Z}_p^\times)) = 0$, 所以这两个条件是相容的. 令 $h = P_\nu$, 即

$$h(X) = \int_{\mathbb{Z}_p}(1+X)^\alpha d\nu(\alpha).$$

从而 $h^\varphi((1+X)^p - 1) = \int_{\mathbb{Z}_p}(1+X)^{p\alpha}d\nu^\varphi(\alpha) = \int_{p\mathbb{Z}_p}(1+X)^\alpha d\nu(\alpha) = h(X) - \tilde{h}(X)$, 故 $h^\varphi = \mathcal{S}h$, 引理得证. $\square$

1.3.9 我们现在回到 (1.24) 的证明. 回忆一下记号: $[k':k] = d$, $k_p = \bigcup k(\zeta_n)$, $\xi = p^d$, $k_\xi = k_pk'$ 及 $\mathcal{G} = \text{Gal}(k_\xi/k')$. 令 $H = \text{Gal}(k_\xi/k_p)$ 并记 φ 是 H 的唯一元素使得其导出 k' 的 φ. 那么 $\mathcal{G} = G \times H = G \times \langle\varphi\rangle$. 注意在 (1.18) 和 (1.19) 的记号里, $\kappa(\varphi) = 1$, $g_{\varphi(\beta)} = g_\beta^\varphi$. 令 $\mathcal{L}$ 是 $\mathcal{O}'[[\mathcal{G}]]$ 中所有满足

$$(a) \quad j(\mu) = 0, \qquad (b) \quad \mu(\varphi^{-1}U) = \varphi(\mu U)$$

的 μ 组成的子群. 因为 k'/k 是非分歧扩张, 故很容易看出 $\text{Ker}(j) = \mathcal{O}' \otimes_{\mathbb{Z}_p} \mathcal{L}$. 因此, 只需证明 i 将 $\mathcal{U}$ 同构地映射到 $\mathcal{L}$ 即可. $i(\mathcal{U}) \subset \mathcal{L}$ 可立即由 $g_{\varphi(\beta)} = g_\beta^\varphi$ 得到. 令 $\mu \in \mathcal{L}$, 并将其在 G 上的限制通过分圆特征 $\kappa \,(= \mathbf{N})$ 看作 $\mathbb{Z}_p^\times$ 的测度[1]. 由于 (b), 条件 (a) 说明 $\text{Tr}_{k'/k}(\int_{\mathbb{Z}_p^\times}\alpha d\mu(\alpha)) = 0$. 令 $d\nu(\alpha) = \alpha d\mu(\alpha)$, h 是引理 1.3.16 中的幂级数. 令 g 是推论 1.3.15 中的幂级数, 正规化 (除以 $\mathcal{O}'$ 的单位根) 使得 $g(0) \equiv 1 \mod \wp'$, 则 $\beta_n = (\varphi^{-n}g)(\zeta_n - 1) \in U(k_\xi^n)$. 由 $\mathcal{N}g = g^\varphi$ 可推出 $N_{m,n}\beta_m = \beta_n$, 故 $\beta \in \mathcal{U}$, $g = g_\beta$, $h = D\log g_\beta$ 及

$$\tilde{h} = D\widetilde{\log g_\beta} = \int_{\mathbb{Z}_p^\times}(1+X)^\alpha \alpha d\mu(\alpha).$$

这说明 $\alpha \cdot d\mu_\beta(\alpha) = \alpha \cdot d\mu(\alpha)$, 从而证明在 G 上有 $\mu = \mu_\beta$. 将 (b) 与 μ_β 扩张到 $\mathcal{G}$ 上的方式 (推论 1.3.7 之前一段) 比较, 可得 $\mu = \mu_\beta = i(\beta)$. 因此, $i(\mathcal{U}) = \mathcal{L}$, 从而完成了定理 1.3.9 的证明.

注记 1.3.17 不是必须要化简到 $\hat{\mathbb{G}}_m$ 的情形. 前面的分析也可以直接在 F_f 上进

---

[1] 这里 $\mathbf{N}$ 是分圆特征, 定义参见 $\diamond$ 1.3.6 段.

行, 须在细节上作必要的修改. 然而, 命题 1.3.11 本身就很有趣, 所以我们选择先证明它.

Iwasawa (后来 Wintenberger 在 [85] 中讨论了更一般的内容) 决定了 $\mathcal{U}$ 作为 $\mathbb{Z}_p[[G]]$ 模的 Λ-结构 ([34] 12.2). 我们定理的意义在于 $\mathcal{U} \hat{\otimes} \mathcal{O}_K$ 典范地嵌入 $\mathcal{O}_K[[\mathcal{G}]]$, 带有适当的余核.

定理 1.3.9 将会在第三章 §3.1 用到. 它的特殊情况等价于 [88] 的引理 23 — 26 和定理 27, 但我们发现那里的证明有些特别. 尤其是, 它们的证明依赖于 Wintenberger 的一般结构定理, 但是这里采用的方法不需要. 实际上, 我们可由定理 1.3.9 推出 Wintenberger 的结果.

1.4 显式互反律

我们的目标是证明局部类域论中某种形式的显式互反律, 这是由 Wiles [84] 发现的, 其推广了 Artin-Hasse [2] 和 Iwasawa [35] 早期的工作. 关于进一步推广的探讨, 请参阅 [65] 及其参考文献. 这节内容仅在第四章中用到, 所以读者可以跳过它直接阅读下一章.

符号和假设同 §1.1, §1.2.

1.4.1 **Lubin-Tate 群的 Kummer 理论:** 令 F_f 是定义在 $\mathcal{O}'$ 上的相对 Lubin-Tate 群, $k_\xi^n = k'(W_f^n)$ 是级 n 的分点的域. 令 $\alpha_n \in \wp_n$ (k_ξ^n 的赋值理想). 回想一下 $f^{(n)} = \varphi^{n-1}f \circ \cdots \circ \varphi f \circ f \in \text{Hom}(F_f, F_{\varphi^n f})$. 记 a_n 是满足

$$(\varphi^{-n}f^{(n)})(a_n) = \alpha_n \tag{1.28}$$

的任一根 (在 $\bar{k}$ 的单位开圆盘上). 扩域 $k_\xi^n(a_n) = L$ 是 k_ξ^n 的 Abel 扩张. 事实上, $\text{Gal}(L/k_\xi^n)$ 通过映射 $\sigma \mapsto \sigma(a_n)[-]a_n$ 嵌入 $W_{\varphi^{-n}f}^n$ 中. 此映射是群同态, 不依赖于 a_n, 这是因为 $W_{\varphi^{-n}f}^n \subset k_\xi^n$. **Kummer 配对** $F_f(\wp_n) \times \text{Gal}(k_\xi^{n,\text{ab}}/k_\xi^n) \to W_{\varphi^{-n}f}^n$ 是配对

$$\langle \alpha_n, \sigma \rangle = \sigma(a_n)[-]a_n \tag{1.29}$$

(对任意 L, L^{ab} 是其最大 Abel 扩张). 它是双线性的, 因为除了上面提到的关于 σ 是线性的, 还有 $\langle \alpha_n[+]\alpha_n', \sigma \rangle = \langle \alpha_n, \sigma \rangle[+]\langle \alpha_n', \sigma \rangle$. 此配对关于第一个变量甚至是 $\mathcal{O}$ 线性的: 对任意 $e \in \mathcal{O}$ 有 $\langle [e]\alpha_n, \sigma \rangle = [e]\langle \alpha_n, \sigma \rangle$. 显然左边的核是 $f^{(n)}(\wp_n)$, 但右边的核是什么, 即通过对所有 $\alpha \in \wp_n$ "添加 $f^{(n)}$ 的根" 得到的域是什么, 一点也不明显. 目前我们仅知道它是 k_ξ^n 的指数为 q^n 的 Abel 扩域 (参见 [65] 定理 2).

利用局部 Artin 映射, 我们通过

$$(\alpha_n, \beta_n) = (\alpha_n, \beta_n)_{n,f} = \langle \alpha_n, \sigma_{\beta_n} \rangle \tag{1.30}$$

定义配对 $F_f(\wp_n) \times (k_\xi^n)^\times \to W_{\varphi^{-n}f}^n$, 这里 σ_β 是 β 的 Artin 符号. 我们的目标是利用解析公式计算 (1.30).

1.4.2　为简化符号和讲解, 从现在开始我们假设 $k' = k$, 即 F_f 是绝对 Lubin-Tate 群. "相对的" 情况可以类似解决, 但由于需要处理所有的 $F_{\varphi^{-i}f}$, 符号变得很烦琐.

假设 $f(X) = \pi X + \cdots$, π 是 k 的素元, 如同定理 1.2.2 固定 Tate 模生成元 (ω_n), $\omega_n \in \tilde{W}_f^n$, $[\pi]\omega_n = \omega_{n-1}$.

定理 1.4.1　(Wiles [84]). 令 $\beta_n \in (k_\pi^n)^\times$ 满足 $\mathrm{N}_n(\beta_n) \in \langle \pi \rangle$ (N_n 是从 k_π^n 到 k 的范, 此假设意味着 β_n 构成范相容序列 $\beta \in B = \varprojlim(k_\pi^n)^\times$). 选取一个范相容序列 β 使得它的第 n 个坐标是 β_n, 令 g_β 是 β 的 Coleman 幂级数 (定理 1.2.2). 令 $\lambda(X)$ 是 F_f 的一个对数, 满足 $\lambda'(X) \in \mathcal{O}[[X]]^\times$. 记 $\delta g = \frac{1}{\lambda'} \cdot \frac{g'}{g} \in X^{-1} \cdot \mathcal{O}[[X]]$. 令

$$[\alpha_n, \beta_n] = [\alpha_n, \beta_n]_{n,f} = [\pi^{-n} \mathrm{Tr}_{k_\pi^n/k}(\lambda(\alpha_n) \delta g_\beta(\omega_n))]_f(\omega_n). \tag{1.31}$$

(方括号里的量属于 $\mathcal{O}$, 模去 π^n 仅依赖 α_n, β_n, 这也是定理的一部分.) 从而有

$$(\alpha_n, \beta_n)_{n,f} = [\alpha_n, \beta_n]_{n,f}. \tag{1.32}$$

解析配对 (1.31) (不论从原理上还是实践上) 是可计算的. 事实上, 只需计算 $\mathcal{O}/\pi^n$ 的一个特定元, 而这仅需有限步计算.

我们的证明不同于 Wiles 的重要的一点是: 它建立在如下观察之上, 只需对 β 适当调整 F_f, 则对所有的 Lubin-Tate 群很容易证明 (1.32) (见下面的 "约化引理").

1.4.3　令 $B = \varprojlim(k_\pi^n)^\times$, 这里是关于范取逆极限. 因而 B 是 $\mathbb{Z}$ 通过投射有限群 $\mathbb{F}_q^\times \times \mathcal{U}$ 进行群扩张得到的, 这里 $\mathcal{U}$ 是主单位的逆极限.

令 $A_f = \varinjlim F_f(\wp_n)$, 其中 $F_f(\wp_n)$ 通过 $f = [\pi]$ 映到 $F_f(\wp_{n+1})$.

第一个观察是 Kummer 配对 (1.30) 组合出一个配对

$$(\ , \ )_f : A_f \times B \to W_f. \tag{1.33}$$

下面验证这一点. 令 $m \geqslant n$, $\alpha_m = f^{m-n}(\alpha_n)$, $\beta_n = \mathrm{N}_{m,n}\beta_m$, 并且有 $(\alpha_n, \beta_n)_n =$

$(\alpha_m, \beta_m)_m$. 类似地, 记 k_π^n 到 k 的迹为 Tr_n, 则有

$$\mathrm{Tr}_m(\lambda(\alpha_m)\delta g_\beta(\omega_m)) = \mathrm{Tr}_n(\pi^{m-n}\lambda(\alpha_n)\mathrm{Tr}_{m,n}\delta g_\beta(\omega_m))$$
$$= \mathrm{Tr}_n(\pi^{m-n}\lambda(\alpha_n)\pi^{m-n}\delta g_\beta(\omega_n)).$$

因为命题 1.2.1(iii), 所以可断言 $g_\beta \circ f^i = \prod_{\omega \in W_f^i} g_\beta(X[+]\omega)$. 将 $D\log = \delta$ 应用其上, 给出

$$\pi^i \delta g_\beta \circ f^i(X) = \sum_{\omega \in W_f^i} \delta g_\beta(X[+]\omega). \tag{1.34}$$

由此得出 $[\alpha_n, \beta_n]_{n,f} = [\alpha_m, \beta_m]_{m,f}$, 因此符号 $[\,,\,]_f$ 也可定义在 $A_f \times B$ 上 (假设有意义!).

第二个观察是这两个配对 $(\,,\,)$ 与 $[\,,\,]$ 都是双线性的, 只需对**素** β (即对每个 n, β_n 是素元) 证明 (1.32) 就足够了, 因为它们生成 B.

第三个观察是如果——给定 $\beta \in B$——(1.32) 对一个 $f \in \mathcal{F}_\pi$ 和每个 $\alpha \in A_f$ 成立, 那么它——关于这个 β——对所有的 $f \in \mathcal{F}_\pi$ 和 $\alpha \in A_f$ 都成立. 实际上, 如果 $\eta: F_f \simeq F_{f'}$ 是 $\mathcal{O}$ 上的同构 (这里 $f, f' \in \mathcal{F}_\pi$), $\alpha \in A_f$ 且 $\beta \in B$, 那么有 $\eta((\alpha, \beta)_f) = (\eta(\alpha), \beta)_{f'}$ 以及 $\eta([\alpha, \beta]_f) = [\eta(\alpha), \beta]_{f'}$.

现在给定 β 使得 β_n 是 k_π^n 的素元, $g_\beta \in X\mathcal{O}[[X]]^\times$. 令 g_β^{-1} 是 g_β 关于幂级数合成的逆, 那么 $f' = g_\beta \circ f \circ g_\beta^{-1} \in \mathcal{F}_\pi$ 且 $g_\beta: F_f \simeq F_{f'}$. 进而 $g_\beta(\omega_n) = \beta_n$, 故 (β_n) 是 $F_{f'}$ 的 Tate 模的一个生成元. 最后要说明的是我们对 f' 证明 (1.32), 而不是对 f. 换言之, 在不失一般性的情况下我们可以假设 $\omega_n = \beta_n$.

引理 1.4.2 (约化引理) 为证明定理 1.4.1, 对每个 n 我们可以假设 $\mathrm{N}_{m,n}\omega_m = \omega_n$ 及 $\beta_n = \omega_n$, 那么将要证明的公式是

$$(\alpha_n, \omega_n)_n = \left[\pi^{-n}\mathrm{Tr}_n\left(\frac{\lambda(\alpha_n)}{\omega_n \cdot \lambda'(\omega_n)}\right)\right]_f(\omega_n), \tag{1.35}$$

且它仅对足够大的 n 才成立.

证明 除公式 (1.35) 外, 所有的内容都可由上述讨论得出, 而且令 $\beta = \omega, g_\beta = X$, 便有 $\delta g_\beta = \frac{1}{X \cdot \lambda'(X)}$. 注意一般 ω_n 不是范相容序列, 很容易验证此情况成立当且仅当 $\mathcal{N}X = X$. $\square$

1.4.4 (1.35) 的证明:
方便起见, 在整个证明中, 利用 $\equiv \mod \pi^{an+c}$ 表示"存在一个不依赖 n 的整数 c 使得同余式对足够大的 n 成立". 字母 c 在不同的地方代表不同的常数.

第一步: 如果 $\alpha \in \wp_n$, 那么 $(\alpha, \alpha)_n = 0$.

证明 如上所述, $\mathcal{N}X = X$, 所以若 $[\pi^n](a) = \alpha$, 则 $\alpha = \prod_{\omega \in W_f^n}(a[+]\omega)$. 令 $L = k_\pi^n(a)$, 并令子群 $V \subset W_f^n$, 其在映射 (1.29) 下同构于 $\mathrm{Gal}(L/k_\pi^n)$. 令 R 是 W_f^n 模去 V 的代表系, 则 $\alpha = \prod_{u \in R}\prod_{v \in V}(a[+]u[+]v) = \prod_{u \in R}\mathrm{N}_{L/k_\pi^n}(a[+]u)$. 由类域论知 α 在 L 上的 Artin 符号是平凡的. □

第二步: 固定 $\alpha \in A_f$. 对较大的 n, $\alpha_n[+]\omega_n$ 是 k_π^n 的素元, 这是因为 $\alpha_n \to 0$ 非常快 (回忆一下 $[\pi](\alpha_n) = \alpha_{n+1}$, 所以有 $\nu(\alpha_{n+1}) \geqslant \min(q\nu(\alpha_n), \nu(\alpha_n) + \nu(\pi)))$. 记

$$\alpha_n[+]\omega_n = \omega_n \cdot (1 + \gamma_n). \tag{1.36}$$

由第一步和 $(\ ,\ )_n$ 的双线性可得

$$0 = (\alpha_n[+]\omega_n, \omega_n(1+\gamma_n)) = (\alpha_n, \omega_n)[+](\alpha_n, 1+\gamma_n)[+](\omega_n, 1+\gamma_n). \tag{1.37}$$

第三步: 对较大的 n, $(\alpha_n, 1+\gamma_n)_n = 0$. 事实上, 若 $m \geqslant n$, 则 $(\alpha_m, 1+\gamma_m)_m = (\alpha_n, \mathrm{N}_{m,n}(1+\gamma_m))_n$. 当 $m \to \infty$, $\alpha_m \to 0$ 时, 故有 $\gamma_m \to 0$ 及 $\mathrm{N}_{n,n}(1+\gamma_m)$ 趋于 1. 由 Artin 符号的连续性知, $(\alpha_m, 1+\gamma_m)_m$ 趋于 0. 但是对于固定的 n, $(\alpha_m, 1+\gamma_m)_m$ 总是属于 W_f^n, 而其是离散的. 因此, 对较大的 m, 有 $(\alpha_m, 1+\gamma_m)_m = 0$.

第四步: 对较大的 n, 有

$$\begin{aligned}(\alpha_n, \omega_n)_n &= [-](\omega_n, 1+\gamma_n)_n \quad (\text{第二、三步}) \\ &= \omega_{2n}[-][\mathrm{N}_n(1+\gamma_n)^{-1}]_f(\omega_{2n}) \\ &= [1 - \mathrm{N}_n(1+\gamma_n)^{-1}](\omega_{2n}).\end{aligned} \tag{1.38}$$

第二个等式显示了处理 ω_n 的优点. 它的 "π^n-根" ω_{2n} 生成的域 $L = k_\pi^{2n}$ 是 k 的 Abel 扩张, 所以对于 Artin 映射有 $(1+\gamma_n, L/k_\pi^n) = (\mathrm{N}_n(1+\gamma_n), L/k)$. 这个符号在 ω_{2n} 上的效果已由 Lubin 和 Tate 的理论所揭示!

第五步: $1 - \mathrm{N}_n(1+\gamma_n)^{-1} \equiv \mathrm{Tr}_n(\gamma_n) \mod \pi^{3n-c}$.

证明 注意到 $\alpha_n \equiv 0 \mod \pi^{n-c}$, 因此同样的同余式对 γ_n 也成立 (参见 (1.36)). 因为 k_π^n/k 的共轭差积[2] (different) "大小" 是 π^{n-c}([59] IV, §1), 所以 $\mathrm{Tr}_n(\gamma_n) \equiv 0 \mod \pi^{2n-c}$, 且 $\mathrm{Tr}_n(\gamma_n^2) \equiv 0 \mod \pi^{3n-c}$. 接下来有

---

[2]此译法参照了《数论 I——Fermat 的梦想和类域论》, 本意可解释为 "关于共轭元差的积", 具体可参见该书第六章第三节. 《英汉数学词汇》将其译作 "差积", 黎景辉著的《代数数论》将其译作 "差别式".

$$1 - N_n(1 + \gamma_n)^{-1} \equiv 1 - \prod_\sigma (1 - \gamma_n + \gamma_n^2)^\sigma \mod \pi^{3n-c}$$

$$\equiv \sum \gamma_n^\sigma - \frac{1}{2}\sum (\gamma_n^2)^\sigma - \frac{1}{2}\sum\sum \gamma_n^{\sigma_1}\gamma_n^{\sigma_2} \tag{1.39}$$

$$\equiv \mathrm{Tr}_n(\gamma_n) - \frac{1}{2}\mathrm{Tr}_n(\gamma_n^2) - \frac{1}{2}(\mathrm{Tr}_n(\gamma_n))^2$$

$$\equiv \mathrm{Tr}_n(\gamma_n) \mod \pi^{3n-c}. \qquad\qquad \square$$

第六步: 在 (1.36) 的两端都作用 λ, 并在 γ_n 处进行 Taylor 展开. 我们发现

$$\lambda(\alpha_n) \equiv \gamma_n \cdot \omega_n \cdot \lambda'(\omega_n) \mod \pi^{2n-c},$$

因此

$$\gamma_n \equiv \frac{\lambda(\alpha_n)}{\omega_n \cdot \lambda'(\omega_n)} \mod \pi^{2n-c}.$$

从而有 $\mathrm{Tr}_n(\gamma_n) \equiv \mathrm{Tr}_n\left(\frac{\lambda(\alpha_n)}{\omega_n \cdot \lambda'(\omega_n)}\right) \mod \pi^{3n-c}$.

第七步: 结合第四、五、六步, 我们可得

$$(\alpha_n, \omega_n)_n = \left[\mathrm{Tr}_n\left(\frac{\lambda(\alpha_n)}{\omega_n \cdot \lambda'(\omega_n)}\right)\right]_f (\omega_{2n})$$

(对较大的 n). 因为等式左边位于 W_f^n 中, 所以方括号中的量被 π^n 整除, 这便完成了 (1.35) 的证明.

第二章 p 进 L 函数

这里将用第一章 ◇ 1.3.1 — 1.3.5 段的方法构建虚二次域上的 p 进 L 函数. 这些 p 进 L 函数首先出现在 Višik 和 Manin 1974 年的一篇论文中 [77], 几乎同时 Katz 给出另一种构造 [37]. 当展示如何用椭圆单位的范相容序列构造 "单变量" 函数 (见下文) 时, Coates 和 Wiles [13] 引入了这里所采用的观点. 他们将 p 进 L 函数与类域论联系到一起, 并提出了一个 "主猜想". 他们的方法主要由 R. Yager [88] [86] 进一步发展, 并且也由 P. Cassou-Noguès [8], R. Gillard [22], J. Tilouine [76] 和作者作了发展, 同时与出现的 Coleman 幂级数一起成为一个强大的工具. 我们此处的目的是给出一个一般性且自洽的阐述, 不带有任何限制性假设.

将这些结果扩展到任意的 CM 域上会带来一些引人入胜的问题. 这三种方法中 (Manin-Višik, Katz 和 Coates-Wiles), 只有 Katz 的实解析 Eisenstein 级数的 p 进插值法看起来有效 ([36]). 例如, 本书所采用的方法, 需要提供底域的 Abel 扩张的特殊的单位, 其类似于椭圆单位. 展示此类单位是数论中的一个重要公开问题. 此外, Coates-Wiles 型构造的一个结论 (当与 [36] 比较时) 是关于带复乘的 Abel 簇的 p 进周期的单项式关系的深刻定理, 类似于对应的复周期间的 Shimura 周期关系. 在某些情形下我们可设法证明这些 p 进周期间的关系 [63].

本章构造的 p 进 L 函数属于许多带有此标题的函数中的一种. 在这些交换的函数中, 最初同时也是最重要的一类是由 Kubota 和 Leopoldt 构造的 [39], 其后由 Deligne 和 Ribet [19] 给出一类推广, 还有一类推广便是前面所提到的. 当然也有来自模形式的 "非交换的" p 进 L 函数. 这里最重要的是 Mazur 和 Swinnerton-Dyer 的工作 [48] 及 Manin 的工作 [45], 但是它们都超出了本书的范围. 也可参阅 Haran 的论文 [30].

第二章概要如下. 在 §2.1 我们总结带复乘的椭圆曲线理论的各种结果, 以备日后所需. §2.2 介绍了特殊的整体单位, Siegel, Ramachandra 和 Robert 的椭圆单位. 它们构成范相容序列, 当被看作合适域塔的局部单位时, 第一章 §1.3 中 ◇ 1.3.1—1.3.5 段的方法可以用来从中得到测度. 这些简单的想法在 §2.4 转化为详尽的计算. 如是得到的测度便是 p 进 L 函数, 只相差简单的扭因子 (见第一章 §1.3 关于测度和 L 函数的讨论). 在 §2.3, 椭圆单位、Eisenstein 级数的特殊值和 L 级数之间存在的关系, 让我们能看出 p 进 L 函数确实插入了经典 Hecke L 级数的特殊值, 因而名副其实. 第二章的其余部分将致力于探索这些 p 进 L 函数的一些解析性质. 代数和算术的性质留到后面章节.

2.1 背景

2.1.1 Hecke 特征:
在整章中, K 表示判别式是 $-d_K$ (d_K 是一个正整数, 模 4 同余于 0 或 3) 的虚二次域. K 的单位根的个数 w_K 是 2, 4 或 6. K 中的分式理想用哥特字母 $\mathfrak{a}, \mathfrak{f}, \mathfrak{p}$ 等表示. 如果 $\mathfrak{f}$ 是一个整理想, 则令 $w_{\mathfrak{f}}$ 表示模 $\mathfrak{f}$ 同余于 1 的单位根的个数. **模 $\mathfrak{f}$ 的射线类域**记作 $K(\mathfrak{f})$, $K(\mathfrak{f}\mathfrak{g}^\infty)$ 是 $K(\mathfrak{f}\mathfrak{g}^n)$ 对于所有 n 的并集. $K(1)$ 是 Hilbert 类域, 且 $[K(\mathfrak{f}):K(1)] = |(\mathcal{O}_K/\mathfrak{f})^\times| \cdot w_{\mathfrak{f}}/w_K$.

我们将所有的数域看作有理数域的一个固定代数闭包 $\overline{\mathbb{Q}}$ 的子域, 并固定一个素数 p, 及 $\overline{\mathbb{Q}}$ 到 $\mathbb{C}$ 和 $\mathbb{C}_p$ 的嵌入 i_∞ 和 i_p. 当不存在混淆时, 我们将从记号去掉 i_∞ 和 i_p.

令 F 是包含 K 的数域, χ 是 F 的 A_0 **型 Hecke 特征**[1]. 因而 χ 是所有与某 $\mathfrak{f}$ 互素的分式理想构成的群到 $\overline{\mathbb{Q}}^\times$ 的同态. 存在一个整理想 $\mathfrak{f}$ 和一个元素 $\omega = \sum n(\sigma)\sigma \in \mathbb{Z}[\mathrm{Hom}(F,\overline{\mathbb{Q}})]$ 使得对任意 $a \in F^\times$, $a \equiv 1 \mod \mathfrak{f}$ 满足 $\chi((a)) = a^\omega$. 拥有此性质的最小的 $\mathfrak{f}$ 称为 χ 的**导子**, 记成 $\mathfrak{f}_\chi$, 且 ω 是其**无穷型**. 如果 $\mathfrak{a}$ 是整理想且不与 $\mathfrak{f}_\chi$ 互素, 则令 $\chi(\mathfrak{a}) = 0$. χ 的 L 级数 (模 $\mathfrak{m}$) 是复解析函数 $L_{\mathfrak{m}}(\chi,s) = \sum \chi(\mathfrak{a})\mathbf{N}\mathfrak{a}^{-s}$, 其中 $\mathfrak{a}$ 遍历所有与 $\mathfrak{m}$ 互素的整理想. 当 $\mathfrak{m} = (1)$ 时, 我们简单地写成 $L(\chi,s)$ 并将其作为一个本原 L 函数. 注意在我们的记号中不要求 $\mathfrak{f}_\chi|\mathfrak{m}$. $L(\chi,s)$ 的解析延拓和函数方程是众所周知的. 当 $F = K$ 时, 我们称 χ 是 (k,j) 无穷型, 如果对 $a \equiv 1 \mod \mathfrak{f}_\chi$ 有 $\chi((a)) = a^k\bar{a}^j$. 然后我们令

$$\Gamma_\chi(s) = \frac{\Gamma(s - \min(k,j))}{(2\pi)^{s-\min(k,j)}}, \tag{2.1}$$

---

[1] "Hecke 特征" 译自 Grossencharacters, 而其是德语 Größencharaktere 的英语音译. Größen 的本意为 "大的", charaktere 为 "特征", 其内涵是将 Dirichlet 特征扩大到分式理想群上. 此特征由 Hecke 提出, 惯常称为 Hecke 特征.

$$L_\infty(\chi, s) = \Gamma_\chi(s) L(\chi, s), \qquad R(\chi, s) = (d_K \mathbf{N}\mathfrak{f}_\chi)^{s/2} L_\infty(\chi, s). \qquad (2.2)$$

由这些定义, 函数方程有以下形式:

$$R(\chi, s) = W \cdot R(\overline{\chi}, 1 + k + j - s). \qquad (2.3)$$

W 是一个绝对值为 1 的常数, 即 **Artin 根数**.

沿用 Deligne 的叫法, 称 χ 是**临界的** (critical), 如果 Γ 在函数方程中可分解, 即 $\Gamma_\chi(s)$ 与 $\Gamma_{\overline{\chi}}(1 + k + j - s)$ 在 $s = 0$ 处有限. 此条件成立当且仅当 $k < 0$, $0 \leqslant j$ 或 $0 \leqslant k$, $j < 0$. 临界 (k, j) 无穷型可按如下示意图描述.

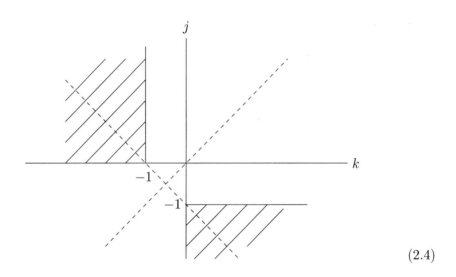

$$(2.4)$$

如果 χ 的无穷型对应一个点 P, 则 $\overline{\chi}$ 和 $\chi \mathbf{N}^{-k-j-1}$ 分别对应 P 在直线 $k = j$ 和 $k + j = -1$ 的反射点, 其中 $\mathbf{N}$ 是绝对范映射[2]. 整数 $k + j$ 称为 χ 的**权重**. 我们将虚线 $k = j$ 和 $k + j = -1$ 分别称为**分圆线**和**反分圆线**, 原因在后面解释. 注: 分圆线位于临界区域以外, 而反分圆线上的所有格点则位于其中.

最后, 令 χ 是 A_0 型的 Hecke 特征, 导子是 $\mathfrak{f}$. 众所周知 [82], χ 的所有值位于有限次数域里; 当通过嵌入 $i_p : \overline{\mathbb{Q}} \to \mathbb{C}_p$ 将 $\overline{\mathbb{Q}}$ 中元素看作 p 进值时, χ 可连续地扩张成一个 Galois 特征 (也记成 χ)

$$\begin{cases} \chi : \mathcal{G} = \mathrm{Gal}(K(\mathfrak{f}p^\infty)/K) \to \mathbb{C}_p^\times, \\ \chi(\sigma_\mathfrak{a}) = \chi(\mathfrak{a}), \quad (\mathfrak{a}, \mathfrak{f}p) = 1, \quad \sigma_\mathfrak{a} = (\mathfrak{a}, K(\mathfrak{f}p^\infty)/K). \end{cases} \qquad (2.5)$$

---

[2]此处是对理想 $\mathfrak{a}$ 取范的映射, 即有限剩余环 $\mathcal{O}_F/\mathfrak{a}$ 的阶.

进一步, 如果 p 在 K 上分裂, 则 $(p) = \mathfrak{p}\bar{\mathfrak{p}}$, 且 $\mathfrak{p}$ 是由包含映射 $K \subset \overline{\mathbb{Q}} \hookrightarrow \mathbb{C}_p$ 导出的素位, 且如果 χ 的无穷型是 $(k, 0)$ (对某个 k), 则 Galois 特征 (2.5) 通过 $\mathrm{Gal}(K(\mathfrak{f}\mathfrak{p}^\infty)/K)$ 分解. 如果无穷型是 $(0, j)$, 则 (2.5) 通过 $\mathrm{Gal}(K(\mathfrak{f}\bar{\mathfrak{p}}^\infty)/K)$ 分解.

2.1.2 椭圆曲线: 关于椭圆曲线的一般参考文献是 Silverman 的书 [69] 和 Tate 的综述文章 [75]. 这节的主要目的是回顾一些基本术语.

如果 F 是数域, E 是 F 上的椭圆曲线, E/F 的 **Weierstrass 模型**是指任一平面模型

$$y^2 = 4x^3 - g_2 x - g_3, \quad g_2, g_3 \in F, \quad \Delta = g_2^3 - 27g_3^2 \neq 0. \tag{2.6}$$

此模型在相差变换 $(g_2, g_3) \mapsto (u^4 g_2, u^6 g_3), u \in F^\times$ 下唯一确定. 相伴于 (2.6) 的**标准微分**是微分

$$\omega_E = \frac{dx}{y}. \tag{2.7}$$

这是第一类微分空间 (一维) 的基, 在 F 上是有理的.

偶对 (E, ω_E) 决定了周期的一个格 $L \subset \mathbb{C}$, $L = \{\int_\gamma \omega_E \mid \gamma \in H_1(E(\mathbb{C}), \mathbb{Z})\}$. 反之, 格 L 通过 $g_2 = g_2(L), g_3 = g_3(L)$ 决定了一个 Weierstrass 模型 (2.6) (我们记 $\Delta = \Delta(L)$), 其中

$$g_2(L) = 60 \cdot \sum_{0 \neq \omega \in L} \omega^{-4}, \quad g_3(L) = 140 \cdot \sum_{0 \neq \omega \in L} \omega^{-6}. \tag{2.8}$$

E 的复点通过 Weierstrass $\wp$ 函数及其导数被 $\mathbb{C}/L$ 参数化:

$$\wp(z, L) = \frac{1}{z^2} + \sum_{0 \neq \omega \in L} \left\{ \frac{1}{(z - \omega)^2} - \frac{1}{\omega^2} \right\}. \tag{2.9}$$

映射 $z \mapsto \xi(z, L) = (\wp(z, L), \wp'(z, L))$ 是 $\mathbb{C}/L$ 到 $E(\mathbb{C})$ 的解析同构.

E 的 j **不变量**由下式给出:

$$j_E = j(L) = 1728 g_2^3 / \Delta. \tag{2.10}$$

两个定义在 F 上的椭圆曲线在 $\overline{F}$ 上同构当且仅当它们有相同的 j 不变量.

2.1.3 复乘: 一般的文献是 [66], [28], 经典的讲述参考 [6] 和 [20]. Weber, Fricke 和 Fueter 的较老的专著包含很多有价值的信息, 在现代文献里不太容易找到.

令 E 是定义在 F 上的椭圆曲线. E **带有复乘**是指 E 作为 F 上的代数群其自同态环 $\mathrm{End}(E)$ 严格大于 $\mathbb{Z}$. 此情形下 $\mathrm{End}(E)$ 同构于虚二次域 K 的阶环 (order) $\mathcal{O}$, F 包含 $\mathcal{O}$ 的**环类域** $K(\mathcal{O})$, E 在 $\overline{F}$ 上同构于定义在 $K(\mathcal{O})$ 的一椭圆曲线. 我们总是将 $a \in \mathcal{O}$ 等同于自同态 $\iota(a)$, 其微分是 a, 即 $\iota(a)^* \omega_E = a \omega_E$. 记 $E[a]$ 是 $\iota(a)$ 的核, 对任意理想 $\mathfrak{a} \subset \mathcal{O}$, 令 $E[\mathfrak{a}] = \bigcap_{a \in \mathfrak{a}} E(a)$, $E[\mathfrak{a}^\infty] = \bigcup_{1 \leqslant n} E[\mathfrak{a}^n]$, $E_{\mathrm{tor}} = \bigcup_{\mathfrak{a}} E[\mathfrak{a}]$.

复乘主定理 ([66] 5.3) 首先断言扩张 $F(E[\mathfrak{a}])/F$ 是 Abel 扩张, 其中 $F(E[\mathfrak{a}])$ 是将 E 在 F 上的一个 (因此任一) 射影模型中 $E[\mathfrak{a}]$ 的点坐标添加到 F 上得到. 其次, 存在唯一的 F 的 A_0 型 Hecke 特征 $\psi = \psi_{E/F}$, 取值于 K, 且满足以下性质: 如果 $\mathfrak{A}$ 是 F 的理想, 与 ψ 的导子互素, 则 $\psi(\mathfrak{A}) \subset \mathcal{O}$ 且对任意 $u \in E[\mathfrak{c}]$, $(\mathfrak{c}, \mathrm{N}_{F/K}\mathfrak{A}) = 1$ 有

$$\sigma_{\mathfrak{A}}(u) = \iota(\psi(\mathfrak{A}))(u). \tag{2.11}$$

ψ 的无穷型是 "半范型" $\sum \sigma$, 此和遍历所有 F 的限制到 K 上是恒等的嵌入. E 在 F 上的**导子**定义为 ψ 的导子. 这与导子的其他更一般的定义 (见 [62]) 是相同的.

2.1.4 一类特殊的椭圆曲线:

K 的 Abel 扩张的算术与以 K 为复乘的椭圆曲线相关, 这差不多一个世纪前就已知晓, 与此相类似, Abel 数域的算术与乘法群相关. 我们将介绍一类特殊的曲线, 尤其能支持这种观点.

从现在开始直到 §2.1 结束, 固定 K 的一个 Abel 扩张 F, 导子是 $\mathfrak{f}_{F/K}$, 并令 E 是 F 上的椭圆曲线, 其满足

$$\begin{cases} \text{(i)} & E \text{ 以 } \mathcal{O}_K \text{ 为复乘}, \\ \text{(ii)} & F(E_{\mathrm{tor}}) \text{ 是 } K \text{ 的 Abel 扩张}. \end{cases} \tag{2.12}$$

由 (i) 可以得出 $F \supset K(1)$. 为理解 (ii) 可回顾一下定理 ([66] 7.44) 所述, 它等价于存在 K 的一个 $(1,0)$ 型 Hecke 特征 φ, 满足

$$\psi_{E/F} = \varphi \circ \mathrm{N}_{F/K}. \tag{2.13}$$

固定选取这个 φ. 其他的候选者是 $\varphi\chi$, $\chi \in \widehat{\mathrm{Gal}(F/K)}$. 因为 $\mathfrak{f}_{F/K} = l.c.m.\{\mathfrak{f}_\chi\}$, 所以

$$\mathfrak{f} = l.c.m.(\mathfrak{f}_\varphi, \mathfrak{f}_{F/K}) \tag{2.14}$$

等于 $l.c.m.\{\mathfrak{f}_{\varphi\chi}\}$, 因此仅依赖于 F 和 ψ. 注: $\mathfrak{f}_\varphi$ 是一个真理想.

(ii) 的另一个推论是, 对任意的 $\sigma \in \mathrm{Gal}(F/K)$ 有 $\psi_{E^\sigma/F} = \psi_{E/F}$. 因为 E/F 的 Hecke 特征完全决定了它的 F 同源类 ([28] 9.2), 即 E 的所有 Galois 共轭都是

F 同源的.

引理 2.1.1 (i) 令 φ 是 K 的一个 $(1,0)$ 型 Hecke 特征, $F = K(\mathfrak{f}_\varphi)$. 令 j 是以 $\mathcal{O}_K$ 为复乘的椭圆曲线的 j 不变量, 则存在唯一的 F 上的椭圆曲线 E 使得 $j_E = j$, 且满足 (2.12). 对该椭圆曲线有 $\psi_{E/F} = \varphi \circ \mathrm{N}_{F/K}$.

(ii) 令 $\mathfrak{f}$ 是 K 的一个整理想, 则存在一个 $(w_{\mathfrak{f}}, 0)$ 型 Hecke 特征 φ, 其导子为 $\mathfrak{f}$.

证明 (i) 令 $\psi = \varphi \circ \mathrm{N}_{F/K}$. 若 $\mathfrak{A}$ 是 F 中与 $\mathfrak{f}_\varphi$ 互素的理想, 则对某个 $a \equiv 1 \bmod \mathfrak{f}_\varphi$ 有 $\mathrm{N}_{F/K}(\mathfrak{A}) = (a)$, 故 $\psi(\mathfrak{A}) = a$. 令 E_0 是任一定义在 F 上的椭圆曲线, 其满足以 $\mathcal{O}_K$ 为复乘, 且 j 不变量是 j. 令 ψ_0 是它的 Hecke 特征, 则 $\varepsilon = \psi/\psi_0$ 是取值于 $\mathcal{O}_K^\times$ 的有限阶特征. 令 $E = E_0^\varepsilon$ 是 E_0 通过 ε 得到的**扭曲** ([28] 3.3), 则有 ([28] 9.2) $\psi_{E/F} = \psi$. 又因为 E 和 E_0 在 $\overline{\mathbb{Q}}$ 上同构, 所以 $j_E = j$. 唯一性由以下事实得出: $\overline{\mathbb{Q}}$ 上的同构类和 F 上的同源类合在一起可确定出 F 上的同构类 ([28] §9).

(ii) 这是显然的, 留给读者练习. $\qquad\square$

2.1.5 记号和假设同上, 令 $\mathfrak{a}$ 是与 $\mathfrak{f}$ 互素的整理想. 由复乘主定理 ([66] 5.3) 我们可以推出 (2.11) 的如下加强版本.

命题 2.1.2 存在唯一的 F 上的同源 $\lambda(\mathfrak{a}) : E \to E^{\sigma_\mathfrak{a}}$, 次数是 $\mathbf{N}\mathfrak{a}$, 由对任意 $u \in E[\mathfrak{c}]$, $(\mathfrak{c}, \mathfrak{a}) = 1$ 成立

$$\sigma_\mathfrak{a}(u) = \lambda(\mathfrak{a})(u) \tag{2.15}$$

所刻画.

令 ω 是 E 上的第一类 F 有理微分. 定义 $\Lambda(\mathfrak{a}) \in F$ 为满足下列等式的量:

$$\omega^{\sigma_\mathfrak{a}} \circ \lambda(\mathfrak{a}) = \Lambda(\mathfrak{a})\omega. \tag{2.16}$$

容易验证 $\Lambda(\cdot)$ 满足**上闭链条件** (见第一章 (1.18))

$$\Lambda(\mathfrak{a}\mathfrak{b}) = \Lambda(\mathfrak{a})^{\sigma_\mathfrak{b}}\Lambda(\mathfrak{b}) = \Lambda(\mathfrak{b})^{\sigma_\mathfrak{a}}\Lambda(\mathfrak{a}). \tag{2.17}$$

这使我们能够将 Λ 的定义扩展到任意与 $\mathfrak{f}$ 互素的分式理想上使得 (2.17) 依然成立. ω 的不同选取将导致 Λ 相差一个上边界 (coboundary). 当 Weierstrass 模型 (2.6) 给定后, 我们默认 $\Lambda(\cdot)$ 是相伴于标准微分 ω_E 的.

若 $(\mathfrak{a}, F/K) = 1$, 则 $E^{\sigma_\mathfrak{a}} = E$, 故 $\Lambda(\mathfrak{a}) \in K^\times$ 且 $\lambda(\mathfrak{a}) = \iota(\Lambda(\mathfrak{a}))$. 进而,

$$\Lambda(\mathfrak{a}) = \varphi(\mathfrak{a}), \quad (\mathfrak{a}, F/K) = 1. \tag{2.18}$$

注: $\Lambda(\mathfrak{a})$ 和 $\varphi(\mathfrak{a})$ 都不依赖任何选取. 要证明 (2.18), 首先注意到 Λ 在满足

$(\mathfrak{a}, F/K) = 1$ 的理想群上具有乘性. 如果 φ' 是它的任一扩张使之成为一个 Hecke 特征, 则 $\varphi' \circ N_{F/K} = \Lambda \circ N_{F/K} = \psi$, 故 φ' 是满足 (2.13) 的 φ 之一. 换言之, φ 和 Λ 由 E 和 F 在 $\{\mathfrak{a} \mid (\mathfrak{a}, F/K) = 1\}$ 上唯一决定. 至此, 它们或者被扩张成上闭链 Λ, 在模去上边界后唯一确定; 或者被扩张为一个特征 φ, 在模去 $\widehat{\mathrm{Gal}(F/K)}$ 后唯一.

对于以 Abel 簇 $\mathrm{Res}_{F/K} E$ 的方法给出的 φ 的解释, 可见于 [24].

最后, 令 L 是 ω 的周期格, 且对应的解析参数化是

$$\xi : \mathbb{C}/L \to E(\mathbb{C}), \quad \xi(z, L) = (\wp(z, L), \wp'(z, L)). \tag{2.19}$$

从而

$$L_{\mathfrak{a}} = \Lambda(\mathfrak{a})\mathfrak{a}^{-1}L \tag{2.20}$$

是 $\omega^{\sigma_{\mathfrak{a}}}$ 在 $E^{\sigma_{\mathfrak{a}}}$ 上的周期格, 且如下图表交换 ($\mathfrak{a}$ 是整理想, $(\mathfrak{a}, \mathfrak{f}) = 1$):

$$\begin{array}{ccccc} \mathfrak{a}^{-1}L & \hookrightarrow & \mathbb{C}/L & \xrightarrow{\Lambda(\mathfrak{a})} & \mathbb{C}/L_{\mathfrak{a}} \\ \downarrow & & \downarrow{\scriptstyle\xi(\cdot, L)} & & \downarrow{\scriptstyle\xi(\cdot, L_{\mathfrak{a}})} \\ \mathrm{Ker}\lambda(\mathfrak{a}) & \hookrightarrow & E(\mathbb{C}) & \xrightarrow{\lambda(\mathfrak{a})} & E^{\sigma_{\mathfrak{a}}}. \end{array} \tag{2.21}$$

由此得出 $g_k(L)^{\sigma_{\mathfrak{a}}} = g_k(L_{\mathfrak{a}})$ $(k = 2, 3)$ 且 $\Delta(L)^{\sigma_{\mathfrak{a}}} = \Delta(L_{\mathfrak{a}})$.

练习 2.1.3 证明 $\mathfrak{a}\mathcal{O}_F = \Lambda(\mathfrak{a})\mathcal{O}_F$.

命题 2.1.4 令 $\mathfrak{g}$ 是被 $\mathfrak{f}$ 除尽的整理想, 则 $K(\mathfrak{g}) = F(E[\mathfrak{g}])$.

证明 令 $\mathfrak{A}$ 是 F 中与 $\mathfrak{g}$ 互素的整理想, 且设对任意 $u \in E[\mathfrak{g}]$ 有 $\sigma_{\mathfrak{A}}(u) = u$. 因为 $\mathfrak{a} = N_{F/K}(\mathfrak{A}) = (a)$, 其中 $a = \varphi(\mathfrak{a}) = \psi(\mathfrak{A})$, 所以 (2.11) 蕴含 $a \equiv 1 \mod \mathfrak{g}$. 如果 $\mathcal{B}$ 是 $F(E[\mathfrak{g}])$ 的理想, 且 $\mathfrak{A}$ 是它到 F 的范, 那么将上述讨论应用到 $\mathfrak{A}$ 上, 故有 $N_{F(E[\mathfrak{g}])/K}\mathcal{B} = (a)$, $a \equiv 1 \mod \mathfrak{g}$. 由类域论知, $K(\mathfrak{g}) \subset F(E[\mathfrak{g}])$. 反之, $F \subset K(\mathfrak{g})$, 并且如果 $\mathfrak{a} = (a)$, $a \equiv 1 \mod \mathfrak{g}$, 则有 $\lambda(\mathfrak{a}) = \iota(\varphi(\mathfrak{a})) = \iota(a)$. 因此, 由 (2.15) 知 $\sigma_{\mathfrak{a}}$ 在 $E[\mathfrak{g}]$ 上恒等, 这说明 $F(E[\mathfrak{g}]) \subset K(\mathfrak{g})$. $\square$

推论 2.1.5 令 $\mathfrak{g}$ 和 $\mathfrak{m}$ 是任意两个互素的整理想, $(\mathfrak{f}, \mathfrak{m}) = 1$, 则 $F(E[\mathfrak{m}])$ 和 $F(E[\mathfrak{g}])$ 在 F 是线性不交的, 且 $\mathrm{Gal}(F(E[\mathfrak{m}])/F) \cong (\mathcal{O}_K/\mathfrak{m})^{\times}$.

证明 不失一般性, 我们可设 $\mathfrak{f}|\mathfrak{g}$, 因为如果我们用 $\mathfrak{f}\mathfrak{g}$ 替换 $\mathfrak{g}$, 条件假设并没有改变. 显然 $\mathrm{Gal}(F(E[\mathfrak{m}])/F) \subset (\mathcal{O}_K/\mathfrak{m})^{\times}$. 令 $\Phi(\mathfrak{m}) = \sharp(\mathcal{O}_K/\mathfrak{m})^{\times}$ (Euler Φ 函数). 由类域论知, $\Phi(\mathfrak{m}) = [K(\mathfrak{m}\mathfrak{g}) : K(\mathfrak{g})]$, 这是因为 $(\mathfrak{m}, \mathfrak{g}) = 1$ 且 $w_{\mathfrak{g}} = 1$. 故推论可由此结论和命题 2.1.4 得出. $\square$

域的交换图描述如下:

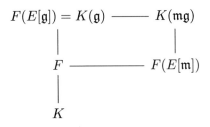

2.1.6 好约化与坏约化:

令 $\mathfrak{P}$ 是 F 的一个素理想, R 是 $\mathcal{O}_F$ 在 $\mathfrak{P}$ 处的局部化. 如果存在 R 上的一条椭圆曲线 $\mathcal{E}$, 其一般纤维在 F 上同构于 E, 那么称 E 在 $\mathfrak{P}$ 处有**好约化**. 特殊纤维 $\mathcal{E} \times \operatorname{Spec} \mathcal{O}_F/\mathfrak{P}$ 记为 $\tilde{E}$, 称为 E 模 $\mathfrak{P}$ 的**约化**. 一个基本的定理断言 $\mathcal{E}$ 仅依赖于 E, 因此 $\tilde{E}$ 也仅依赖于 E. 以下是熟知的, 如果 E 在 $\mathfrak{P}$ 处有好约化, 那么存在 R 上的 Weierstrass 模型使得 $\Delta \in R^\times$ (如果在 $\mathfrak{P}$ 处的剩余特征是 2 或 3, 我们必须考虑一般的 Weierstrass 模型; 见下面内容). 从而对应的第一类微分 ω_E 是 $H^0(\mathcal{E}, \Omega^1_{\mathcal{E}/R})$ 的基. 每一个 E 的 F 有理点可以唯一地扩张成 $\mathcal{E}$ 的 R 有理点 (因为 $\mathcal{E}/R$ 是光滑和本征的 (proper)) 且当考虑模 $\mathfrak{P}$ 的情形时, 我们得到**约化映射** $E(F) \to \tilde{E}(\mathcal{O}_F/\mathfrak{P})$. 模 $\mathfrak{P}$ 约化的核记为 $E_{1,\mathfrak{P}}$. 在满足 $\Delta \in R^\times$ 的 Weierstrass 模型 (2.6) 中, $E_{1,\mathfrak{P}}$ 是由所有非整的仿射坐标点构成的.

如下基本定理在 [62] 中证明, 可作为 Néron 模型理论的一个结论.

定理 2.1.6 (i) 使 E/F 具有坏约化的素理想恰是那些整除导子的素理想.

(ii) (Ogg-Néron-Shafarevich 准则) 令 $\mathfrak{m}$ 是 K 的整理想, 与 $\mathfrak{P}$ 互素. 那么 $\mathfrak{P}$ 是好约化的素理想当且仅当 $F(E[\mathfrak{m}^\infty])/F$ 在 $\mathfrak{P}$ 处是非分歧扩张.

2.1.7 我们将决定 F 的素理想在添加 E 的分点至 F 的扩域上的分解模式.

命题 2.1.7 令 $\mathfrak{p}$ 是 K 的素理想, $(\mathfrak{p}, \mathfrak{f}) = 1$, 且令 $F_n = F(E[\mathfrak{p}^n])$, $0 \leqslant n \leqslant \infty$.

(i) 所有位于 $\mathfrak{p}$ 之上的素理想在 F_∞/F 上全分歧.

(ii) 非 $\mathfrak{p}$ 之上的素理想是有限分歧的 (即它们在 $\operatorname{Gal}(F_\infty/F)$ 中的惯性群是有限的), 如果它们是好约化的素理想则是非分歧的.

(iii) 如果 $\mathfrak{p}$ 在 $K/\mathbb{Q}$ 上是分裂的, 那么每个非 $\mathfrak{p}$ 之上的素理想在 F_∞/F 上有限分解. 如果 $\mathfrak{p}$ 是惯性的 (相应地, 分歧的) 且 $\mathfrak{Q}$ 是 F 中不在 $\mathfrak{p}$ 之上的素理想, 那么 $\mathfrak{Q}$ 在 $\operatorname{Gal}(F_n/F)$ 上的分解群的阶数对充分大的 n 渐近于 cp^n (相应地, $cp^{n/2}$), 其中 c 是一个常数.

证明 我们将在下面关于形式群的小节里推出 (i). 为证明 (ii) 和 (iii), 我们用 $K(\mathfrak{g})$ 替换 F, 其中 $\mathfrak{f}|\mathfrak{g}$, 使得 $\psi = \varphi \circ \mathrm{N}_{K(\mathfrak{g})/K}$ 在 $K(\mathfrak{g})$ 上非分歧且 E 处处具有好约化. 从而, (ii) 由定理 2.1.6 得出 (注: 一般地, 取 $\mathfrak{g} = \mathfrak{f}$ 并不充分).

为证明 (iii), 令 $\mathfrak{Q}$ 是 F 的不在 $\mathfrak{p}$ 之上的素理想. 因为现在我们可以假设 $\mathfrak{Q}$ 是非分歧的, 所以它在 F_n/F 上的分解群是循环群, 由在 $\mathfrak{Q}$ 处的 Frobenius 自同构生成. 由 (2.11) 知它的阶数是使得

$$\psi(\mathfrak{Q})^f \equiv 1 \mod \mathfrak{p}^n \mathcal{O}_{\mathfrak{p}} \tag{2.22}$$

成立的最小的正整数 f. 关于 (iii) 的断言可由这一点得出. □

2.1.8 形式群: 令 $(\mathfrak{p}, \mathfrak{f}) = 1$, 并记 $\mathfrak{P}$ 是 F 的位于 $\mathfrak{p}$ 之上的素理想. 固定 E 在 R ($\mathcal{O}_F$ 在 $\mathfrak{P}$ 处的局部化) 上的一个 Weierstrass 模型, 使得 $\Delta \in R^\times$.

令 $\hat{E}$ 是 E 关于参数

$$t = -\frac{2x}{y} \tag{2.23}$$

的单参数形式群 (关于剩余特征 2 和 3 的情况的修正见下面内容)([75] §3). $\hat{E}$ 定义在 R 上, 但我们将在 R 的完备化 $\mathcal{O}_{\mathfrak{P}}$ 上考虑它.

引理 2.1.8 $\hat{E}$ 是关于非分歧扩张 $F_{\mathfrak{P}}/K_{\mathfrak{p}}$ 的相对 Lubin-Tate 群. 如果 $\mathfrak{p}$ 在 $K/\mathbb{Q}$ 上分裂, 则它的高度是 1; 如果 $\mathfrak{p}$ 在 $K/\mathbb{Q}$ 上是惯性或分歧的, 则它的高度是 2.

证明 令 $\phi = \sigma_{\mathfrak{p}}$ 是 Frobenius 自同构. 同源 $\lambda(\mathfrak{p}): E \to E^\phi$ 导出形式群的同态 $\widehat{\lambda(\mathfrak{p})}: \hat{E} \to \hat{E}^\phi$, 其具有以下形式

$$\begin{aligned}\widehat{\lambda(\mathfrak{p})}(t) &= \Lambda(\mathfrak{p})t + \cdots \in \mathcal{O}_{\mathfrak{P}}[[t]] \\ &\equiv t^q \mod \mathfrak{P}\mathcal{O}_{\mathfrak{P}},\end{aligned} \tag{2.24}$$

这里 $q = \mathbf{N}\mathfrak{P}$. 见 ◇ 1.1.2 段. 由第一章的结果剩下的内容是明显的. □

推论 2.1.9 $\mathfrak{P}$ 在 $F_\infty = F(E[\mathfrak{p}^\infty])$ 上全分歧 (见命题 2.1.7(i)).

证明 比较 $\mathrm{Gal}(F_\infty/F)$ 在 $\mathcal{O}_{\mathfrak{p}}^\times = \mathrm{Aut}(E[\mathfrak{p}^\infty])$ (见推论 2.1.5) 上的表示和局部 Galois 群在 $\mathcal{O}_{\mathfrak{p}}^\times = \mathrm{Aut}(\hat{E}[\mathfrak{p}^\infty])$ ($\hat{E}[\mathfrak{p}^\infty]$ 在第一章里被记为 W_f) 的对应表示, 我们发现它们的像是吻合的. 因此, $\mathfrak{P}$ 不在 F_∞ 上分解. 但局部域塔 (第一章记号 k_ξ/k') 是全分歧的, 故而得到推论. □

注记 2.1.10 另一个将要用到的结果如下. 考虑 $\prod' t(Q)$, 这里的乘积遍历 $E[\mathfrak{p}]$ 中的非零元 Q. 因为 $F(E[\mathfrak{p}])/F$ 在 $\mathfrak{P}$ 处全分歧, 且这 $\mathbf{N}\mathfrak{p} - 1$ 个点 Q 相互共轭, 所以此积在 $\mathfrak{P}$ 处的阶数是 1. 这适用于每个 $\mathfrak{P}|\mathfrak{p}$.

2.1.9 特征 2 和 3 的情形: 当剩余特征是 2 和 3 的时候, 一些关于 Weierstrass 模型的公式必须修正. 细节见 [75]. **一般的 Weierstrass 模型**由如下公式给出:

$$y^2 + a_1xy + a_3y = x^3 + a_2x^2 + a_4x + a_6. \tag{2.25}$$

Δ 函数由 [75] (2) 给出. 在此情况下, 前面有关好约化和 Weierstrass 模型的断言依然有效. 微分 ω_E 变成

$$\omega_E = \frac{dx}{2y + a_1x + a_3} = \frac{dy}{3x^2 + 2a_2x + a_4 - a_1y}, \tag{2.26}$$

且格 L 仍然是它的周期格. 参数化 $\xi : \mathbb{C}/L \to E(\mathbb{C})$ 通过

$$\begin{cases} x = \wp(z, L) - (a_1^2 + 4a_2)/12, \\ y = (\wp'(z, L) - a_1x - a_3)/2 \end{cases} \tag{2.27}$$

确定. 形式群的参数 t 如下给定:

$$t = -\frac{x}{y} \tag{2.28}$$

且在此参数下 $\hat{E}$ 和 ω_E 定义在 $\mathbb{Z}[a_1, \cdots, a_6]$ 上. 模 $\mathfrak{P}$ 约化的核 $E_{1,\mathfrak{P}}$ 仍然是 x, y 非整的点构成的子群. 限制到 $E_{1,\mathfrak{P}}$ 上, t 有限且 $|t|_{\mathfrak{P}} < 1$.

2.2　椭圆单位

椭圆单位是虚二次域的 Abel 扩张里的单位, 通过添加椭圆模函数的特殊值得到. 它们扮演的角色相当于 Abel 数域里的分圆单位. 可参阅 C. L. Siegel [68], Ramachandra [52], Robert [53], Gillard 和 Robert [23] 以及 Kubert 和 Lang [38] 的工作. 除了 19 世纪关于椭圆函数的结果 (在众多参考文献中我们主要提及 Whittaker 和 Watson [83], Chandrasekharan [9] 和 Weil 精彩的书 [81]), 我们的阐述是自洽的, 有些证明, 我相信是新的.

2.2.1　Theta 函数: 令 $L = \mathbb{Z}\omega_1 + \mathbb{Z}\omega_2$ 是 $\mathbb{C}$ 中的格, 其基的选取满足 $\tau = \omega_1/\omega_2$ 属于上半平面. 回忆一下 Weierstrass 的 σ 函数和 Ramanujan 的 Δ 函数有绝对收敛乘积展式

$$\sigma(z, L) = z \cdot \prod_{0 \neq \omega \in L} \left(1 - \frac{z}{\omega}\right) \exp\left(\frac{z}{\omega} + \frac{1}{2}\left(\frac{z}{\omega}\right)^2\right), \tag{2.29}$$

$$\Delta(L) = (2\pi i/\omega_2)^{12} q_\tau \prod_{\nu=1}^{\infty} (1 - q_\tau^\nu)^{24}, \quad q_\tau = e^{2\pi i\tau}. \tag{2.30}$$

$\sigma(z, L)$ 满足以下变换律:

$$\sigma(z + \omega, L) = \pm \sigma(z, L) \exp\left(\eta(\omega, L)\left(z + \frac{\omega}{2}\right)\right), \quad \omega \in L, \tag{2.31}$$

其中 η 是 $\mathbb{C}$ 上的 $\mathbb{R}$ 线性型, 由如下一组公式准确给出:

$$\begin{cases} \eta(z, L) = \frac{\omega_1 \eta_2 - \omega_2 \eta_1}{2\pi i A(L)} \bar{z} + \frac{\bar{\omega}_2 \eta_1 - \bar{\omega}_1 \eta_2}{2\pi i A(L)} z, \\ A(L) = (2\pi i)^{-1}(\omega_1 \bar{\omega}_2 - \bar{\omega}_1 \omega_2) = \pi^{-1} \mathrm{Area}(\mathbb{C}/L), \\ \eta_1 = \omega_1 \sum_n \sum_m' (m\omega_1 + n\omega_2)^{-2}, \quad \eta_2 = \omega_2 \sum_m \sum_n' (m\omega_1 + n\omega_2)^{-2}, \end{cases} \tag{2.32}$$

这里求和的顺序很重要. 在 η_1/ω_1 和 η_2/ω_2 的中点, 我们定义

$$s_2(L) = \lim_{0 < s \to 0} \sum_{0 \neq \omega \in L} \omega^{-2} |\omega|^{-2s}. \tag{2.33}$$

在这些定义下有

$$\begin{cases} \omega_1 \eta_2 - \omega_1 \omega_2 \cdot s_2(L) = \frac{\bar{\omega}_2 \omega_1}{A(L)}, \\ \omega_2 \eta_1 - \omega_1 \omega_2 \cdot s_2(L) = \frac{\bar{\omega}_1 \omega_2}{A(L)}, \end{cases} \tag{2.34}$$

由此我们可重新得出 Legendre 的关系 $\omega_1 \eta_2 - \omega_2 \eta_1 = 2\pi i$, 且 $\eta(z, L) = A(L)^{-1}\bar{z} + s_2(L)z$ (利用 (2.32)).

基本 theta 函数

$$\theta(z, L) = \Delta(L) \cdot e^{-6\eta(z, L)z} \cdot \sigma(z, L)^{12} \tag{2.35}$$

非全纯, 但它在算术上的实用性弥补了这一缺陷. 如果 $c \neq 0$, 则 $\theta(cz, cL) = \theta(z, L)$ ((2.35) 中出现 $\Delta(L)$ 的原因) 且指数的选取使得 $|\theta(z, L)|$ 是 L 周期的. 另外, θ 有一个非常重要的乘积展式. 将 L 正规化使得 $\omega_1 = \tau, \omega_2 = 1$ 且令 $q_z = e^{2\pi i z}$, 则有 ([81] IV, §3(15))

$$\theta(z, L) = e^{6A(L)^{-1}z(z - \bar{z})} \cdot q_\tau (q_z^{1/2} - q_z^{-1/2})^{12} \cdot \prod_{\nu=1}^{\infty} \{(1 - q_\tau^\nu q_z)(1 - q_\tau^\nu q_z^{-1})\}^{12}. \tag{2.36}$$

许多等式, 例如下面的 (2.39), 就是 (2.36) 的结论.

2.2.2 Hilbert 类域中的 Siegel 单位: 我们几乎没怎么用这些单位, 但因为它们的构造如此简单, 我们简要描述一下它.

令 K 是一个虚二次域. 对 K 的任意理想 $\mathfrak{a}$, 考虑

$$u(\mathfrak{a}) = \frac{\Delta(\mathcal{O}_K)}{\Delta(\mathfrak{a}^{-1}\mathcal{O}_K)}. \tag{2.37}$$

命题 2.2.1   (i) $u(\mathfrak{a}) \in K(1)$,

          (ii) $u(\mathfrak{a}\mathfrak{b}) = u(\mathfrak{a})^{\sigma_\mathfrak{b}} \cdot u(\mathfrak{b})$,

          (iii) $(u(\mathfrak{a})) = \mathfrak{a}^{-12}\mathcal{O}_{K(1)}$.

证明   见 [68] 第二章, §2.   □

如果 h 是 K 的类数, 则 $\mathfrak{a}^h = (\alpha)$, $\alpha \in K^\times$, 且尽管 α 不唯一, 但 α^{12} 是唯一的, 所以在 $K(1)$ 中可以合理定义单位 $\delta(\mathfrak{a}) = u(\mathfrak{a})^h \alpha^{12}$. $K(1)$ 中的 Siegel 单位群由 $\delta(\mathfrak{a})$ 生成. 它在整个单位群中具有有限指数, 且在 Galois 作用下稳定.

2.2.3   从现在开始, 我们假设 L 以 $\mathcal{O}_K$ 为复乘. 令 $\mathfrak{a}$ 是 K 的一个整理想. 函数

$$
\begin{aligned}
\Theta(z; L, \mathfrak{a}) &= \theta(z, L)^{N\mathfrak{a}}/\theta(z, \mathfrak{a}^{-1}L) \\
&= \frac{\Delta(L)}{\Delta(\mathfrak{a}^{-1}L)} \cdot \prod_{0 \neq u \in \mathfrak{a}^{-1}L/L} \frac{\Delta(L)}{(\wp(z, L) - \wp(u, L))^6}
\end{aligned}
\tag{2.38}
$$

是关于 L 的椭圆函数 (比较除子和 Taylor 展式的首项可得到 (2.38) 中第二个等式).

命题 2.2.2 (分布关系)   令 $\mathfrak{a}$ 和 $\mathfrak{b}$ 是 K 的整理想, 彼此互素, 则

$$
\prod_{v \in \mathfrak{b}^{-1}L/L} \Theta(z + v; L, \mathfrak{a}) = \Theta(z; \mathfrak{b}^{-1}L, \mathfrak{a}).
\tag{2.39}
$$

证明   (2.39) 的两端是有相同除子的 L 椭圆函数, 所以它们的比值是常数. 比较 $z = 0$ 处的 Taylor 展式, 从而看出此常数项是

$$
\varepsilon(\mathfrak{a}, \mathfrak{b}) = \left(\frac{\Delta(L)}{\Delta(\mathfrak{a}^{-1}L)}\right)^{N\mathfrak{b}-1} \cdot \left(\frac{\Delta(L)}{\Delta(\mathfrak{b}^{-1}L)}\right)^{N\mathfrak{a}-\sigma_\mathfrak{a}} \cdot \prod_{0 \neq u} \prod_{0 \neq v} \frac{\Delta(L)}{(\wp(u, L) - \wp(v, L))^6}.
\tag{2.40}
$$

这里 u 遍历 $\mathfrak{a}^{-1}L/L - \{0\}$, v 遍历 $\mathfrak{b}^{-1}L/L - \{0\}$, 且分母从不为零, 因为 $(\mathfrak{a}, \mathfrak{b}) = 1$. 尽管形式看起来不对称, 但是 $\varepsilon(\mathfrak{a}, \mathfrak{b}) = \varepsilon(\mathfrak{b}, \mathfrak{a})$, 因为 $(\Delta(L)/\Delta(\mathfrak{b}^{-1}L))^{\sigma_\mathfrak{a}-1} = (\Delta(L)/\Delta(\mathfrak{a}^{-1}L))^{\sigma_\mathfrak{b}-1}$ (命题 2.2.1(ii)). 我们将证明 $\varepsilon(\mathfrak{a}, \mathfrak{b}) = 1$.

令 $H = K(1)$ 是 K 的 Hilbert 类域, w_H 是它的单位根的个数. 关于分歧模式的简短分析揭示出 $w_H | 12$. 事实上 $4 | w_H$ 当且仅当 $d_K \equiv 4 \mod 8$, 且 $6 | w_H$ 当且仅当 $d_K \equiv 0 \mod 3$. 现在 $\varepsilon(\mathfrak{a}, \mathfrak{b})$ 显然属于 H, 因为我们可以选择 L 使得特殊的 Weierstrass 方程定义在 H 上. 下面我们断言 $\varepsilon(\mathfrak{a}, \mathfrak{b})$ 是一个单位根. 这个事实的证明是一个烦冗但直接的计算, 在 (2.36) 的基础上得到. 这可在 [38] 第 2 章, 定理 4.1 (i) 找到, 那里实际上能得到 $\varepsilon(\mathfrak{a}, \mathfrak{b})^{N\mathfrak{b}} = 1$. 由于 $\mathfrak{a}$ 和 $\mathfrak{b}$ 的对称性, 故 $\varepsilon(\mathfrak{a}, \mathfrak{b})^{N\mathfrak{a}} = 1$.

目前我们知道 $\varepsilon(\mathfrak{a}, \mathfrak{b})^m = 1$, 其中 $m = g.c.d.(w_H, \mathbf{N}\mathfrak{a}, \mathbf{N}\mathfrak{b})$. 为结束证明我们需要 Robert 的如下引理 ([38] 第 11 章, 5.7).

引理 2.2.3 假设 $g_k(L) \in H$, $k = 2, 3$, 则对任意与 w_K 互素的 $\mathfrak{a}$ 有

$$\Delta(L)^{\mathbf{N}\mathfrak{a}} / \Delta(\mathfrak{a}^{-1}L) \in (H^\times)^{12}.$$

考虑 $\varepsilon(\mathfrak{a}, \mathfrak{b})$ 的表达式 (2.40), 这里选取 L 使得 $g_k(L) \in H$. 因为 $\wp(u) = \wp(-u)$, 所以 $\prod_{u \neq 0} \prod_{v \neq 0} (\wp(u, L) - \wp(v, L))^6$ 是 $H^\times$ 中的一个 12 次幂元, 除非 $\mathfrak{a}$ 和 $\mathfrak{b}$ 都是偶的 (不与 2 互素). 但这仅当 2 在 K 中分裂时发生, 则此时有 $w_H | 6$. 因此, 在任一情形下都有

$$\varepsilon(\mathfrak{a}, \mathfrak{b}) \equiv \left(\frac{\Delta(L)^{\mathbf{N}\mathfrak{a}}}{\Delta(\mathfrak{a}^{-1}L)} \right)^{\mathbf{N}\mathfrak{b}-1} \left(\frac{\Delta(L)}{\Delta(\mathfrak{b}^{-1}L)} \right)^{\mathbf{N}\mathfrak{a}-\sigma_\mathfrak{a}} \mod (H^\times)^{w_H}. \tag{2.41}$$

选取 $\beta \in K^\times$ 使得 $\mathfrak{b}' = (\beta)\mathfrak{b}$ 是整理想且 $(\mathfrak{b}', 6\mathfrak{a}) = 1$. 从而 (2.41) 意味着

$$\varepsilon(\mathfrak{a}, \mathfrak{b}) \equiv \left(\frac{\Delta(L)^{\mathbf{N}\mathfrak{a}}}{\Delta(\mathfrak{a}^{-1}L)} \right)^{\mathbf{N}\mathfrak{b}-\mathbf{N}\mathfrak{b}'} \mod (H^\times)^{w_H}, \tag{2.42}$$

这是因为 $\varepsilon(\mathfrak{a}, \mathfrak{b}') = 1$. 由 Robert 的引理, 我们推出当 $(\mathfrak{a}, w_H) = 1$ 时有 $\varepsilon(\mathfrak{a}, \mathfrak{b}) = 1$.

假设 K 不是 $\mathbb{Q}(i)$ 或 $\mathbb{Q}(\sqrt{-3})$. 如果 $\mathfrak{a}$ 或 $\mathfrak{b}$ 是奇的, 则 $\varepsilon(\mathfrak{a}, \mathfrak{b}) = 1$. 如果 $\mathfrak{a}$ 和 $\mathfrak{b}$ 都是偶的, 则 2 在 K 中分裂, 所以 $w_H = 2$ 或 6. 取 $\mathfrak{b}' = (\beta)\mathfrak{b}$ 使得 $(\mathfrak{b}', 2\mathfrak{a}) = 1$ 且 $\mathbf{N}\mathfrak{b} \equiv \mathbf{N}\mathfrak{b}' \mod 3$, 则若 $w_H = 6$, 那么, (2.42) 说明 $\varepsilon(\mathfrak{a}, \mathfrak{b})$ 是个立方元. 如果我们还能说明它也是个平方元, 则它属于 $(H^\times)^{w_H}$. 但是那么就有 $\varepsilon(\mathfrak{a}, \mathfrak{b}) = 1$. (2.42) 推出 $\varepsilon(\mathfrak{a}, \mathfrak{b}) \equiv \Delta(L) \mod (H^\times)^2$. 现在, 对以 j 为 j-不变量的椭圆曲线, 模型为 $y^2 = 4x^3 - hx - h$, $h = 27j/(j - 1728)$, $\Delta \equiv j - 1728 \mod (H^\times)^2$. Weber 的一个定理 ([79] §134—135) 断言 $j - 1728$ 在 H 中是一个平方, 因此当 K 不是 $\mathbb{Q}(i)$ 或 $\mathbb{Q}(\sqrt{-3})$ 的时候便完成了证明.

最后, 在这两个例外情况有 $K = H$, 且 $\mathfrak{a}$ 和 $\mathfrak{b}$ 是主理想. 如果 $K = \mathbb{Q}(i)$, 则 $\mathfrak{a}$ 和 $\mathfrak{b}$ 必定是奇的, 因此同上, $\varepsilon(\mathfrak{a}, \mathfrak{b}) = 1$ 是 (2.42) 和 Robert 的引理的结论. 如果 $K = \mathbb{Q}(\sqrt{-3})$, 则 $\mathfrak{a}$ 或 $\mathfrak{b}$ 是奇的且其中某个也与 3 互素. 由 (2.41) 我们有

$$\varepsilon(\mathfrak{a}, \mathfrak{b}) \equiv \Delta(L)^{(\mathbf{N}\mathfrak{a}-1)(\mathbf{N}\mathfrak{b}-1)} \mod (H^\times)^6$$

且 $6 | (\mathbf{N}\mathfrak{a} - 1)(\mathbf{N}\mathfrak{b} - 1)$, 故 $\varepsilon(\mathfrak{a}, \mathfrak{b})$ 是 6 次幂元, 因此是 1. 命题的整个证明就完成了. $\qquad\square$

命题 2.2.4 令 $\mathfrak{m}$ 是 K 的非平凡整理想, v 是 L 的本原 $\mathfrak{m}$ 分点 (即 $v \in \mathfrak{m}^{-1}L$, 但

对任何 $\mathfrak{m}$ 的真因子 $\mathfrak{n}$ 有 $v \notin \mathfrak{n}^{-1}L$). 如果 $(\mathfrak{a},\mathfrak{m})=1$, 则

(i) $\Theta(v;L,\mathfrak{a}) \in K(\mathfrak{m})$.

(ii) $\Theta(v;L,\mathfrak{a})^{\sigma_{\mathfrak{c}}} = \Theta(v;\mathfrak{c}^{-1}L,\mathfrak{a}) = \Theta(v;L,\mathfrak{ac})\Theta(v;L,\mathfrak{c})^{-\mathbf{N}\mathfrak{a}}$ ($\mathfrak{c}$ 为整理想, 与 $\mathfrak{m}$ 互素).

(iii) 如果 $\mathfrak{m}$ 不是素理想的幂, 则 $\Theta(v;L,\mathfrak{a})$ 是一个单位; 如果 $\mathfrak{m}=\mathfrak{p}^n$, 则它是 $\mathfrak{p}$ 之外的单位.

证明 (i) 我们可以假设 L 是对应于 Hilbert 类域 $K(1)$ 上的 Weierstrass 模型 E 的格. 第 (i) 部分由 (2.38) 和复乘理论的标准结果 ([66] 定理 5.5) 得出. 它也是 (ii) 的一个结论.

(ii) 因为 $\Theta(v;L,\mathfrak{a})$ 仅依赖于椭圆曲线的复同构类, 所以我们可以自由选取 $\mathbb{C}/L$ 的一个模型 E, 其中 L 可通过一个位似变换适当改变. 选取一个与 $\mathfrak{c}$ 互素的整理想 $\mathfrak{f}$, 使得 $w_{\mathfrak{f}}=1$. 假设对应于 L 的模型 E 定义在 $K(\mathfrak{f})=F$ 上, 且对导子整除 $\mathfrak{f}$ 的 Hecke 特征 φ 满足 $\psi_{E/F}=\varphi \circ \mathbf{N}_{F/K}$. 从而 (2.38) 和 (2.21) 推出 $\Theta(v;L,\mathfrak{a})^{\sigma_{\mathfrak{c}}} = \Theta(\Lambda(\mathfrak{c})v;\Lambda(\mathfrak{c})\mathfrak{c}^{-1}L,\mathfrak{a}) = \Theta(v;\mathfrak{c}^{-1}L,\mathfrak{a})$. (ii) 剩余的部分可由此结果和 $\Theta(v;L,\mathfrak{a})=\theta(v,L)^{\mathbf{N}\mathfrak{a}}/\theta(v,\mathfrak{a}^{-1}L)$ 得出.

(iii) 我们将给出这一重要结果的两个不同的证明.

第一个证明: 我们在模型 E 上作出如同 (ii) 一样的假设, 另外我们设 $(\mathfrak{f},\mathfrak{m})=1$. 设 $\mathfrak{p}|\mathfrak{m}$ 且令 $M_n = F(E[\mathfrak{m}\mathfrak{p}^n])$, $n \geq 0$. 推论 2.1.5 表明本原 $\mathfrak{m}\mathfrak{p}^n$ 分点 v 在 $M_{n-1}(n\geq 1)$ 的共轭是 $v+u$, $u \in E[\mathfrak{p}]$. 令 $e_n = \Theta(v;\mathfrak{p}^nL,\mathfrak{a})$. 尽管是由 $\sigma_{\mathfrak{p}}^{-n}(E)$ 而非 E 得到 $e_n = \Theta(\Lambda(\mathfrak{p}^{-n})v;\Lambda(\mathfrak{p}^{-n})\mathfrak{p}^nL,\mathfrak{a})$, 但是它仍在 M_n 中, 这是因为 E 的所有共轭都是 F 同源的, 因而对所有的 $\sigma \in \mathrm{Gal}(F/K)$ 域 $F(E^\sigma[\mathfrak{c}])$ 都是相同的. 因为 v 是 $\mathfrak{p}^nL$ 的本原 $\mathfrak{m}\mathfrak{p}^n$ 分点, 所以分布关系 (2.39) 表明 (取 $\mathfrak{b}=\mathfrak{p}$) $\mathbf{N}_{n,n-1}e_n = e_{n-1}$. 这里 $\mathbf{N}_{m,n}$ 是 M_m 到 M_n 的范映射.

首先设 $\mathfrak{p}$ 是一个分裂的素理想. 根据命题 2.1.7, 只有位于 $\mathfrak{p}$ 之上的素理想可以在 M_∞/M_0 上分歧, 所有其他的素理想在此域塔上都是有限分解的. 令 $\mathfrak{q}$ 是 K 的不同于 $\mathfrak{p}$ 的素理想, 选择足够大的 n 使得 $\mathfrak{q}$ 的所有素除子在 M_∞/M_n 上是惯性的. 因为 $e_n \in \mathbf{N}_{m,n}M_m^\times$, $m \geq n$, 所以 e_n 是 $\mathfrak{q}$ 之上的单位, 因而 $e_0 = \mathbf{N}_{n,0}e_n$ 也是.

如果 $\mathfrak{p}$ 是惯性或分歧的, 则讨论需要略微改变. 首先将 $\mathfrak{m}$ 替换为 $\mathfrak{m}\mathfrak{p}^n$, e_0 替换为 e_n, 我们可假设 $\mathrm{Gal}(M_\infty/M_0) \cong \mathbb{Z}_p^2$ (当 $(\mathfrak{p},6)=1$ 时这是一个冗长的步骤!). 命题 2.1.7 表明 $\mathfrak{q}$ 之上的 M_0 的任何素理想的分解群 D (它们是一致的) 是 $\mathbb{Z}_p$. 再一次将 M_0 替换为某个 M_n, 我们也可假设 $\mathrm{Gal}(M_\infty/M_0)/D \cong \mathbb{Z}_p$. 由此得出 M_∞ 包含一个 M_0 的 $\mathbb{Z}_p$ 扩张 N_∞, 它的每个在 $\mathfrak{q}$ 之上的素理想都是惯性的. 剩下的部分等同于分裂的情形, 因为 e_0 落在域塔 N_∞ 的一个范相容序列里.

我们推出 $\Theta(v;L,\mathfrak{a})$ 是 $\mathfrak{p}$ 之外的一个单位, 因此若 $\mathfrak{m}$ 被两个不同的素理想除尽, 则它是一个单位.

注记 2.2.5 如果 $\mathfrak{m} = \mathfrak{p}^n$, 那么 $\Theta(v; L, \mathfrak{a})$ 不是单位. 读者应当铭记分圆情况的类比: $\exp(2\pi i/m) - 1$ 是单位当且仅当 m 被两个不同的素数除尽.

第二个证明: 此证明不需要利用分布关系 (2.39). 它甚至不需要利用复乘, 并且如果我们愿意利用一些 Tate 曲线的结果, 当 $j(L)$ 是代数整数或在更一般的情形时也是成立的. 这个有趣的观察, 即在没有复乘的情形下椭圆单位是 "单位", 似乎还没有找到深远的应用.

我们可假设格 L 对应于定义在数域 F 上的椭圆曲线 E, 处处具有好约化, 且 $E[\mathfrak{ma}]$ 在 F 上是有理的. 取定 F 的一个素理想 $\mathfrak{Q}$, 令 R 是 $\mathcal{O}_F$ 在 $\mathfrak{Q}$ 处的局部化; 再取定一个 R 上的 Weierstrass 模型, 使得 $\Delta \in R^\times$. 我们用 $\sim$ 表示 "符号两端在 $\mathfrak{Q}$ 处有相同的赋值". 令 $P = \xi(v, L)$ 是对应于 v 的点, E_1 是模 $\mathfrak{Q}$ 约化的核. 从而 $Q \in E_1$ 当且仅当 $|x(Q)|_{\mathfrak{Q}} > 1$. 首先设 $\mathfrak{a}$ 是素理想, 回顾一下上节的注记 2.1.10 有

$$\prod_{0 \neq Q \in E[\mathfrak{a}]} t(Q) \sim \mathfrak{a}, \quad \text{如果 } \mathfrak{Q} \mid \mathfrak{a}. \tag{2.43}$$

因为 $\Delta(L) \sim 1$, 所以 (2.38) 推出

$$\Theta(v; L, \mathfrak{a}) \sim \mathfrak{a}^{-12} \prod_{0 \neq Q \in E[\mathfrak{a}]} (x(Q) - x(P))^{-6}. \tag{2.44}$$

现在设或者 $\mathfrak{m}$ 被两个不同的素理想除尽, 或者 $\mathfrak{Q} \nmid \mathfrak{m}$. 在这两个情况下, P——本原 $\mathfrak{m}$ 挠点, 不属于 E_1. 如果 $\mathfrak{Q} \nmid \mathfrak{a}$, 那么任何非零 $Q \in E[\mathfrak{a}]$ 位于 E_1 之外, $Q \pm P$ 亦然. 因此, $x(Q)$ 和 $x(P)$ 是 $\mathfrak{Q}$ 整的且模 $\mathfrak{Q}$ 不同余, 从而 (2.44) 是 $\mathfrak{Q}$ 处的单位. 另一方面, 如果 $\mathfrak{Q} \mid \mathfrak{a}$, 那么对任意 $Q \in E[\mathfrak{a}] \setminus \{0\}$, 有 $x(Q) - x(P) \sim x(Q) \sim t(P)^{-2}$ 且由 (2.43) 知 (2.44)~ 1. 我们得出只要 $\mathfrak{a}$ 是素理想且 $(\mathfrak{a}, \mathfrak{m}) = 1$, (iii) 就成立. 一般的情形也立刻得出, 因为对任意整理想 $\mathfrak{a}, \mathfrak{b}$, 有 $\Theta(v; L, \mathfrak{ab}) = \Theta(v; L, \mathfrak{a})^{\mathbf{N}\mathfrak{b}} \cdot \Theta(v; \mathfrak{a}^{-1}L, \mathfrak{b})$. $\qquad\square$

练习 2.2.6 如果 $\mathfrak{m} = \mathfrak{p}^n$ 且 $\mathfrak{P} \mid \mathfrak{p}$, 证明 $\Theta(v; L, \mathfrak{a})$ 的 $\mathfrak{P}$ 进赋值是 $(\mathbf{N}\mathfrak{a} - 1) \times$(依赖于 $\mathfrak{m}$ 的一常数).

命题 2.2.7 (i) 令 $\mathfrak{f}$ 是 K 的非平凡整理想且 $\mathfrak{g} = \mathfrak{fl}$, 其中 $\mathfrak{l}$ 是素理想. 令 $e = w_{\mathfrak{f}}/w_{\mathfrak{g}}$. 如果 v 是 L 的本原 $\mathfrak{f}$ 分点, $(\mathfrak{a}, \mathfrak{g}) = 1$, 那么

$$N_{K(\mathfrak{g})/K(\mathfrak{f})} \Theta(v; \mathfrak{l}L, \mathfrak{a})^e = \begin{cases} \Theta(v; L, \mathfrak{a})^{1 - \sigma_{\mathfrak{l}}^{-1}}, & \text{若 } \mathfrak{l} \nmid \mathfrak{f}, \\ \Theta(v; L, \mathfrak{a}), & \text{若 } \mathfrak{l} \mid \mathfrak{f}. \end{cases}$$

(ii) 令 $\mathfrak{l}$ 是素理想, $(\mathfrak{a}, \mathfrak{l}) = 1$ 及 $e = w_K/w_{\mathfrak{l}}$. 如果 v 是 L 的本原 $\mathfrak{l}$ 分点, 并且

L 代表 $\mathrm{Pic}(\mathcal{O}_K)$ 中的平凡类, 那么

$$\mathrm{N}_{K(\mathfrak{l})/K(1)}\Theta(v; L, \mathfrak{a})^e = u(\mathfrak{l})^{\sigma_\mathfrak{a} - \mathbf{N}\mathfrak{a}}$$

($u(\mathfrak{l})$ 定义见 (2.37)).

证明 (i) 我们已经看到 $[K(\mathfrak{g}) : K(\mathfrak{f})] = w_\mathfrak{g}\Phi(\mathfrak{g})/w_\mathfrak{f}\Phi(\mathfrak{f})$, 这里 $\Phi(\mathfrak{f}) = |(\mathcal{O}_K/\mathfrak{f})^\times|$. 考虑第一个情况 $\mathfrak{l} \mid \mathfrak{f}$. $\Theta(v; \mathfrak{l}L, \mathfrak{a})$ 在 $K(\mathfrak{f})$ 上的共轭是 $\Theta(v+u; \mathfrak{l}L, \mathfrak{a})$, $u \in L/\mathfrak{l}L$, 并且当 u 遍历 $\mathbf{N}\mathfrak{l}$ 个可能的点时, 它们中的每个都被数了 e 次. 我们的公式可由分布关系 (2.39) 得到.

如果 $\mathfrak{l} \nmid \mathfrak{f}$, 那么 $\Theta(v; \mathfrak{l}L, \mathfrak{a})$ 的共轭是 $\Theta(v+u; \mathfrak{l}L, \mathfrak{a})$, 其中 $u \in L/\mathfrak{l}L$ 取使得 $v+u$ 是级 $\mathfrak{g}$ 的点, 共 $\mathbf{N}\mathfrak{l} - 1$ 个. 同样地, 每个共轭都出现 e 次. 如果 u_0 是唯一的点使得 $v+u_0$ 是 $\mathfrak{l}L$ 的 $\mathfrak{f}$ 分点, 那么由命题 2.2.4(ii) 知,

$$\Theta(v+u_0; \mathfrak{l}L, \mathfrak{a})^{\sigma_\mathfrak{l}} = \Theta(v+u_0; L, \mathfrak{a}) = \Theta(v; L, \mathfrak{a}).$$

同上, (2.39) 给出所要求的公式.

(ii) 这个证明是类似的, 留给读者练习. $\square$

2.2.4 Robert 单位:
我们想简明地指出 $\Theta(v; L, \mathfrak{a})$ 与 Robert 单位之间的关系.

令 $\mathfrak{f}$ 是 K 的非平凡理想, f 是 $\mathfrak{f} \cap \mathbb{Z}$ 中最小的正整数. 令 $\mathrm{Cl}(\mathfrak{f})$ 是模 $\mathfrak{f}$ 的射线理想类群, 等同于 $G(\mathfrak{f}) = \mathrm{Gal}(K(\mathfrak{f})/K)$. 令 $J(\mathfrak{f}) \subset \mathbb{Z}[G(\mathfrak{f})]$ 是由 $\sigma_\mathfrak{a} - \mathbf{N}\mathfrak{a}$ 生成的理想, 其中 $(\mathfrak{a}, 6\mathfrak{f}) = 1$. $J(\mathfrak{f})$ 是 $\mu_{K(\mathfrak{f})}$ 的零化子. 对任意 $\sigma \in G(\mathfrak{f})$, Robert 不变量定义为

$$\varphi_\mathfrak{f}(\sigma) = \theta(1, \mathfrak{f}\mathfrak{c}^{-1})^f, \quad \sigma = (\mathfrak{c}, K(\mathfrak{f})/K), \ \mathfrak{c} \text{ 是整理想}. \tag{2.45}$$

这个定义是合理的, 符号 $\varphi_\mathfrak{f}$ 可线性地扩张到 $\mathbb{Z}[G(\mathfrak{f})]$ 上.

命题 2.2.8 ([53], [23]). (i) $\varphi_\mathfrak{f}(u) \in K(\mathfrak{f})$.

(ii) $\sigma\varphi_\mathfrak{f}(u) = \varphi_\mathfrak{f}(\sigma u)$.

(iii) 如果 $\mathfrak{f}$ 被两个不同的素理想除尽, 或者 u 属于增广理想, 那么 $\varphi_\mathfrak{f}(u)$ 是一个单位. 如果 $\mathfrak{f} = \mathfrak{p}^n$, 则它是一个 $\mathfrak{p}$ 单位.

(iv) 假设 $\mathfrak{f}$ 是 $K(\mathfrak{f})$ 的导子. 如果 $u \in J(\mathfrak{f})$, 那么 $\varphi_\mathfrak{f}(u)$ 是 $K(\mathfrak{f})$ 中的 $12fw_\mathfrak{f}$ 次的单位 ([23] 命题 A-2).

现在命题 2.2.7 中的关系由下式给出:

$$\varphi_\mathfrak{f}(\mathbf{N}\mathfrak{a} - \sigma_\mathfrak{a}) = \Theta(1; \mathfrak{f}, \mathfrak{a})^f, \quad \mathfrak{f} \neq (1). \tag{2.46}$$

主旨是通过 $\theta(z, L)$ 在本原 $\mathfrak{f}$ 分点处的赋值得到定义合理的单位, 我们或者可以提升到 $\mathfrak{f}$ 次幂, 或者由 $\sigma_{\mathfrak{a}} - \mathbf{N}\mathfrak{a}$ 扭曲, 这两种运算由 (2.46) 联系起来.

2.2.5 下面的结果类似于命题 2.2.8(iv), 将在定理 2.4.11 中用来处理特征 2、3 的 p 进 L 函数.

命题 2.2.9 令 v 是 L 的本原 $\mathfrak{f}$ 分点 ($\mathfrak{f} \neq (1)$). 当 $(\mathfrak{a}, 6\mathfrak{f}) = 1$ 时, $\Theta(v; L, \mathfrak{a})$ 是 $K(\mathfrak{f})^{\times}$ 中的 $12w_{\mathfrak{f}}$ 次幂元.

我们略去证明. 此命题最终使得我们定义导子 $\mathfrak{f}$ 的**本原 Robert 单位群**, 记为 $C_{\mathfrak{f}}$.

定义 2.2.10 令 $\mathfrak{f}$ 是非平凡整理想, $\Theta_{\mathfrak{f}}$ 是 $K(\mathfrak{f})^{\times}$ 中由 $\Theta(1; \mathfrak{f}, \mathfrak{a})$ 生成的子群, 其中 $(\mathfrak{a}, 6\mathfrak{f}) = 1$. 定义 $C_{\mathfrak{f}}$ 是 $K(\mathfrak{f})^{\times}$ 中所有满足 $12w_{\mathfrak{f}}$ 次幂属于 $\mu_{K(\mathfrak{f})}\Theta_{\mathfrak{f}}$ 的单位构成的群.

注: $C_{\mathfrak{f}}$ 是 Galois 稳定的, 以及 $\Theta_{\mathfrak{f}} \subset C_{\mathfrak{f}}$ 仅当 $\mathfrak{f}$ 被两个不同的素理想除尽. 由 Robert 的观点, $C_{\mathfrak{f}}$ 由所有 $K(\mathfrak{f})$ 中满足 "$12fw_{\mathfrak{f}}$ 次幂属于 $\varphi_{\mathfrak{f}}(u)$, $u \in J(\mathfrak{f})$ 和单位根生成的单位群" 这一条件的单位构成.

2.3 Eisenstein 数

K 的 Hecke L 函数的特殊值与椭圆单位的桥梁是由 Eisenstein 级数提供的. 我们用名词 "Eisenstein 数" 指代 Eisenstein 级数在模曲线的 CM 点的特殊值, 因为它们平行于 Bernoulli 数在分圆理论中所扮演的角色. 这节内容很大部分归于 Weil 的书 [81], 以及 Goldstein 和 Schappacher 的论文 [24].

2.3.1 本节通篇令 $\mathfrak{f}$ 是 K 的整理想, 使得 $w_{\mathfrak{f}} = 1$, 与 $\mathfrak{p}$ 互素. 令 E 是以 $\mathcal{O}_K$ 为复乘的椭圆曲线, 定义在 $F = K(\mathfrak{f})$ 上. 我们假设 E 满足 (2.13) $\psi_{E/F} = \varphi \circ \mathrm{N}_{F/K}$, 以及 φ 的导子整除 $\mathfrak{f}$. 取定一个 E 在 F 上的 (一般的) Weierstrass 模型, 使得其在 $\mathfrak{p}$ 之上的素理想有好约化. 令 ω_E 是该模型的标准微分, L 是其周期格. 回顾一下 $\Lambda(\cdot)$ 是相伴于 L (或 ω_E) 的上闭链, 见 (2.17).

令 $\zeta(z, L) = \sigma'(z, L)/\sigma(z, L)$ 表示 Weierstrass 的 zeta 函数, 我们首先观察到

$$E_1(z, L) = \zeta(z, L) - \eta(z, L) \tag{2.47}$$

是 L 周期的. 由 (2.35) 和在此之前的 $\eta(z, L)$ 的公式 (2.32), 可导出另一个表达式

$$E_1(z, L) = \frac{1}{12} \frac{\partial}{\partial z} \log \theta(z, L) - \frac{1}{2} \bar{z} A(L)^{-1}. \tag{2.48}$$

沿用 Weil 的做法, 取 $L = \mathbb{Z}\omega_1 + \mathbb{Z}\omega_2$, $\mathrm{Im}(\omega_1/\omega_2) > 0$, 并将 $z, \bar{z}, \omega_1, \bar{\omega}_1, \omega_2$ 和 $\bar{\omega}_2$ 看作六个独立变量. 公式 (2.32) 将 $\eta(z, L)$ 表示成这六个变量的式子, 对 $\zeta(z, L)$ 有著名的展开式

$$\zeta(z, L) = \frac{1}{z} + \sum_{m, n \text{ 不同时为 } 0} \left\{ \frac{1}{z - m\omega_1 - n\omega_2} + \frac{1}{m\omega_1 + n\omega_2} + \frac{z}{(m\omega_1 + n\omega_2)^2} \right\}. \tag{2.49}$$

让我们介绍两个不同的算子

$$\partial = -\frac{\partial}{\partial z}, \quad \mathcal{D} = -A(L)^{-1} \left(\bar{z}\frac{\partial}{\partial z} + \bar{\omega}_1\frac{\partial}{\partial \omega_1} + \bar{\omega}_2\frac{\partial}{\partial \omega_2} \right). \tag{2.50}$$

容易验证 $\mathcal{D}(A(L)) = 0$, 故 $A(L)$ 关于这两个算子是常数.

如果 $0 \leqslant -j < k$, $\mathfrak{a}$ 是一个整理想, 那么定义

$$\begin{cases} E_{j,k}(z, L) = \mathcal{D}^{-j}\partial^{k+j-1}E_1(z, L), \\ E_{j,k}(z; L, \mathfrak{a}) = \mathbf{N}\mathfrak{a} \cdot E_{j,k}(z, L) - E_{j,k}(z, \mathfrak{a}^{-1}L), \\ E_k = E_{0,k}. \end{cases} \tag{2.51}$$

接下来的两个公式是基础, 容易由定义验证. 它们一边联系着 $E_{j,k}$ 与 L 函数, 另一边联系着 $E_{j,k}$ 与椭圆单位.

$$E_{j,k}(z, L) = (k-1)!A(L)^j \cdot \sum_{\omega \in L}(z+\omega)^{-k}(\bar{z}+\bar{\omega})^{-j}, \quad k+j \geqslant 3, \tag{2.52}$$

$$-12 \cdot E_k(z; L, \mathfrak{a}) = \partial^k \log \Theta(z; L, \mathfrak{a}), \quad k \geqslant 1. \tag{2.53}$$

2.3.2 研究 $E_{j,k}(z, L)$ 的特殊值的关键步骤是如下引理给出的. 它允许我们在定理 2.4.15 的证明中将 $E_{j,k}$ 替换为仅有 E_k 的项表达.

引理 2.3.1 存在唯一一个 $\mathbb{Z}[X_1, \cdots, X_{k-j}]$ 中的多项式 $\Phi_{j,k}$, 次数是 $1-j$, 等权重 $k-j$ (X_i 赋予权重 i), 使得

$$E_{j,k} = 2^j\Phi_{j,k}(E_1, \cdots, E_{k-j}).$$

进而,

$$\Phi_{j,k} = (-2X_1)^{-j}X_k + (X_1\text{的次数} < -j\text{的项}).$$

证明 第一个陈述由 Weil 在 [81] VI, §4 中证明. $\Phi_{j,k}$ 具有整系数以及第二个断言在那里没有精确提出来, 但容易由那里的证明过程得出. $\square$

2.3.3 让我们总结 $E_{j,k}$ 的一些性质, 后续会用到. 在 (2.53) 的观点下, 它们看起来非常像命题 2.2.4 里证明的有关 $\Theta(v; L, \mathfrak{a})$ 的结果, 这就毫不意外了.

令 $\mathfrak{m}$ 是任意非平凡整理想, v 是 L 的本原 $\mathfrak{m}$ 分点. 回忆一下, L 是好约化 Weierstrass 模型 (在 $\mathfrak{p}$ 处) 的周期格, 定义在 $K(\mathfrak{f}) = F$ 上, 且 $0 \leqslant -j < k$.

命题 2.3.2 (i) $E_{j,k}(cz, cL) = c^{j-k}E_{j,k}(z, L)$.

(ii) (有理性) $E_{j,k}(v, L) \in K(l.c.m(\mathfrak{f}, \mathfrak{m}))$.

(iii) (Galois 作用) 如果 $\mathfrak{c}$ 是整理想, $(\mathfrak{c}, \mathfrak{fm}) = 1$, 则

$$E_{j,k}(v, L)^{\sigma_\mathfrak{c}} = E_{j,k}(\Lambda(\mathfrak{c})v, \Lambda(\mathfrak{c})\mathfrak{c}^{-1}L) = \Lambda(\mathfrak{c})^{j-k}E_{j,k}(v, \mathfrak{c}^{-1}L). \tag{2.54}$$

(iv) (整性) 设 $\mathfrak{m}$ 不是 $\mathfrak{p}$ 的幂, 且 $\mathfrak{p}$ 在 $K/\mathbb{Q}$ 上分裂, 则对于 $1 < k$, $0 \leqslant -j < k$, $\overline{\mathfrak{m}}E_1(v, L)$ 和 $(2\overline{\mathfrak{m}})^{-j}E_{j,k}(v, L)$ 是 $\mathfrak{p}$ 整的.

证明 (i) 这是 (2.51) 的结论.

(ii) 令 $\mathfrak{g} = l.c.m.(\mathfrak{f}, \mathfrak{m})$. 我们由命题 (2.1.4) 看到 $K(\mathfrak{g}) = F(E[\mathfrak{g}])$, 这里 E 是对应于 L 的 Weierstrass 模型. 由引理 2.3.1, 只需对 E_k, $k \geqslant 1$ 证明 (ii) 即可. 由 (2.53) 知, $E_k(z; L, \mathfrak{a})$ 是 F 有理椭圆函数, 故 $E_k(v; L, \mathfrak{a}) \in K(\mathfrak{g})$. 选取 $\mathfrak{a} = (\alpha)$, $\alpha \equiv 1 \mod \mathfrak{m}$, 则有 $E_k(v, \mathfrak{a}^{-1}L) = \alpha^k E_k(\alpha v, L) = \alpha^k E_k(v, L)$, 这是因为 E_k 是 L 周期的. 因为我们可以使得 $\mathbf{N}\alpha \neq \alpha^k$ 成立, (2.51) 表明 $E_k(v, L) \in K(\mathfrak{g})$.

(iii) 这可由命题 2.2.4(ii) 和 (2.53) 基于如上同样的原因得到.

(iv) 我们首先证明 $\overline{\mathfrak{m}}E_k(v, L)$ 对于 $k \geqslant 1$ 是 $\mathfrak{p}$ 整的. 只需证明当我们固定 $\overline{\mathbb{Q}}$ 到 $\mathbb{C}_p$ 的嵌入后, 它在那里是局部整数即可. 我们将在 $\diamond$ 2.4.8 段证明如果 $(\mathfrak{a}, \mathfrak{mp}) = 1$, 那么 $\Theta(v - z; L, \mathfrak{a})$ 在 0 处有 $\mathfrak{p}$ 整 t 展开式 $G(t)$. 因而

$$\partial^k \log \Theta(v - z; L, \mathfrak{a}) = \left(-\frac{1}{\lambda'_{\hat{E}}(t)} \frac{d}{dt}\right)^k \log G(t)$$

也是 $\mathfrak{p}$ 整幂级数. 进而, 在相差一个常数的情况下, $G(t)$ 是另一个 $\mathfrak{p}$ 整系数幂级数的 12 次幂. 由 (2.53) 知, $E_k(v; L, \mathfrak{a})$ 是 $\mathfrak{p}$ 整的. 对某个大的 r 选取 $\mathfrak{a} = (\alpha)$, $\alpha \equiv 1 \mod \mathfrak{mp}^r$, 使得 $\overline{\mathfrak{p}}$ 的同样次幂整除 $\alpha - 1$ 和 $\mathfrak{m}$. 从而, 若 r 足够大, 则 $\overline{\alpha} - \alpha^{k-1}$ 和 $\overline{\mathfrak{m}}$ 也被 $\mathfrak{p}$ 的同样次幂除尽. 现在

$$E_k(v; L, (\alpha)) = \alpha(\overline{\alpha} - \alpha^{k-1}) \cdot E_k(v, L),$$

故 $\overline{\mathfrak{m}}E_k(v, L)$ 是 $\mathfrak{p}$ 整的.

为证明 (iv) 的剩余部分, 我们可由引理 2.3.1 设 $j = 0$. 首先, 我们观察到在一个一般的 Weierstrass 模型 (2.25) 下, 如同 [75] 令 $b_2 = a_1^2 + 4a_2$, $b_4 = a_1a_3 + 2a_4$,

我们有

$$\wp'' = 6(\wp - b_2/12)^2 + b_2(\wp - b_2/12) + b_4. \tag{2.55}$$

设 $k \geqslant 3$, 则 $E_k(v,L) = (-1)^k \wp^{(k-2)}(v,L)$. 因为 v 是本原 $\mathfrak{m}$ 分点且 $\mathfrak{m}$ 不是 $\mathfrak{p}$ 的幂, 所以 $\xi(v,L)$ 不属于约化的核, 因此它的 x 和 y 坐标都是整的. 由 (2.27), (2.55) 和简单的推导知 $\wp^{(k-2)}(v,L)$ 也是整的.

现在只剩下 $k = 2$ 的情形. 因为 $E_2(z,L) = \wp(z,L) + s_2(L)$, 这可由 (2.47) 和 $\diamond$ 2.2.1 段得出, 故由 (2.27) 我们只需证明

$$s_2(L) + \frac{1}{12}(a_1^2 + 4a_2) \tag{2.56}$$

是 $\mathfrak{p}$ 进整数. 为了建立此结果, 令 $\mathfrak{n}$ 是一个辅助理想, $(\mathfrak{n},p) = 1$ 且 w 是本原 $\mathfrak{n}$ 挠点. 由以上讨论, $\bar{\mathfrak{n}}E_2(w,L)$ 是整的, 从而 $E_2(w,L)$ 也是整的. 反向应用前面的讨论知,

$$s_2(L) + \frac{1}{12}(a_1^2 + 4a_2) = E_2(w,L) - x(\xi(w,L))$$

是整的. 这样 (iv) 就证完了. □

注记 2.3.3　任何在 (2.25) 中的坐标变换将 $b_2 = a_1^2 + 4a_2$ 变成 $b_2' = u^2 b_2 + 12r$, 其中 u 是某个单位, r 是一个整数. 选取合适的 r, 我们因此可假设 $s_2(L) = -b_2/12$.

2.3.4　同余:　命题 2.3.2 的整性结论导致 Eisenstein 数之间一些非常有用的同余关系. 如同命题 2.3.2(iv), 我们继续假设 $(p) = \mathfrak{p}\bar{\mathfrak{p}}$ 是分裂的, $i_p : \overline{\mathbb{Q}} \to \mathbb{C}_p$ 在 K 上导出 $\mathfrak{p}$. 我们继续记 v 是 L 的本原 $\mathfrak{m}$ 分点. 正如此命题所揭示的, 一般 $E_k(v,L)$ 仅当 $k \geqslant 2$ 时是 $\mathfrak{p}$ 整的. $E_1(v,L)$ 在 $\mathfrak{p}$ 之上的素位有一个分母, 其阶数至多是 $\bar{\mathfrak{p}}$ 在 $\mathfrak{m}$ 中的幂, 事实上我们将看到它们恰好相等.

引理 2.3.4　假设 $\mathfrak{m}$ 不是 $\mathfrak{p}$ 的幂. 在下面陈述中, 所有的同余应当在 $\mathbb{C}_p$ 中局部地看待.

(i) $E_1(v,L)^{\sigma_{\mathfrak{c}}} \equiv \mathbf{N}\mathfrak{c}\Lambda(\mathfrak{c})^{-1} E_1(v,L) \mod 1$, $\quad (\mathfrak{c},\mathfrak{fm}) = 1$.

在 (ii) 和 (iii) 中假设 $\mathfrak{f} \,|\, \mathfrak{m}$, 使得 $F(E[\mathfrak{m}]) = K(\mathfrak{m})$.

(ii) 令 $\mathfrak{q}$ 是个素理想, $(\mathfrak{q},\mathfrak{m}\bar{\mathfrak{p}}) = 1$, 则对任意 $u \in \mathfrak{q}^{-1}L$, 有

$$(\mathbf{N}\mathfrak{q} - 1)E_1(v,L) \equiv (\mathbf{N}\mathfrak{q} - 1)E_1(v+u,L) \mod 1.$$

(iii) 令 $\mathfrak{g}$ 是整理想, $(\mathfrak{g},p) = 1$, 且令 p^r 是 p 在 $\prod(\mathbf{N}\mathfrak{q} - 1)$ 中的幂, 其中乘积取遍所有整除 $\mathfrak{g}$ 但不整除 $\mathfrak{m}$ 的素理想 $\mathfrak{q}$. 那么有

$$p^r E_1(v,L) \equiv p^r \mathbf{N}\mathfrak{g} E_1(v,\mathfrak{g}L) \mod 1.$$

注记 2.3.5 第 (ii) 和 (iii) 部分在没有因子 $\mathbf{N}\mathfrak{q} - 1$ 和 p^r 下也可能成立. 然而, 这里记述的较弱的同余关系已足够我们在 §2.4 里的需要. 读者应当记住典型的情形, 即 $\mathfrak{m} = \mathfrak{f}\mathfrak{p}^n\bar{\mathfrak{p}}^m$, 这里 n 固定, m 非常大. 此小节中该引理不久就会用到.

证明 (i) 我们先说明可以假设 $(\mathfrak{c}, \mathfrak{p}) = 1$. 若不然, 取 $\alpha \in K^\times$ 使得 $\mathfrak{b} = (\alpha)\mathfrak{c}$ 是整理想, 对某个大的 n 有 $\alpha \equiv 1 \mod \mathfrak{m}\mathfrak{f}\mathfrak{p}^n$, 且 $(\mathfrak{b}, \mathfrak{p}) = 1$. 如果我们用 $\mathfrak{b}$ 替换 $\mathfrak{c}$, (i) 的左边不会改变. 而且, $\mathbf{N}\mathfrak{b}\Lambda(\mathfrak{b})^{-1} = \mathbf{N}\mathfrak{c}\Lambda(\mathfrak{c})^{-1}\bar{\alpha}$, 故如果 n 足够大, (i) 的右边也不会改变. 因此假设 $(\mathfrak{c}, \mathfrak{f}\mathfrak{m}\mathfrak{p}) = 1$, 从而我们知道 $E_1(v; L, \mathfrak{c}) = \mathbf{N}\mathfrak{c} E_1(v, L) - E_1(v, \mathfrak{c}^{-1}L)$ 是 $\mathfrak{p}$ 整的 (见命题 2.3.2(iv) 的证明). 为得到 (i), 注意到上述等式除以 $\Lambda(\mathfrak{c})$ 之后是一个单位, 再利用 (2.54) 即得.

(ii) 首先注意到

$$E_1(z, \mathfrak{q}^{-1}L) = \sum_{u \in \mathfrak{q}^{-1}L/L} E_1(z + u, L). \tag{2.57}$$

此分布关系可由命题 2.2.2 得到, 或更简单地, 由 $E_1(z, L)$ 等于 $\sum(z+\omega)^{-1}|z+\omega|^{-2s}$ 的解析延拓在 $s = 0$ 处的值 ([81] VIII, §14) 得到. 由推论 2.1.5, 因为 $\mathfrak{f} \mid \mathfrak{m}$, 所以对于 $u \in \mathfrak{q}^{-1}L/L$, 数 $E_1(v + u, L)$ 在 $\mathrm{Gal}(K(\mathfrak{m}\mathfrak{q})/K(\mathfrak{m}))$ 下都是共轭的. 如果 $\mathfrak{c}$ 是一理想使得其 Artin 符号属于此 Galois 群, 则 $\mathbf{N}\mathfrak{c}\Lambda(\mathfrak{c})^{-1} = \overline{\varphi}(\mathfrak{c}) \equiv 1 \mod \overline{\mathfrak{m}}$, 故若 $u_0 \in \mathfrak{q}^{-1}L/L$, 则由 (i) 和命题 2.3.2(iv) 得

$$(\mathbf{N}\mathfrak{q} - 1)E_1(v + u_0, L) + E_1(v, L) \equiv \sum_{\mathfrak{c}} \mathbf{N}\mathfrak{c}\Lambda(\mathfrak{c})^{-1}E_1(v + u_0, L) + E_1(v, L)$$

$$\equiv \sum E_1(v + u_0, L)^{\sigma_\mathfrak{c}} + E_1(v, L) = \sum_{u \in \mathfrak{q}^{-1}L/L} E_1(v + u, L) = E_1(v, \mathfrak{q}^{-1}L)$$

$$\equiv \mathbf{N}\mathfrak{q} \cdot E_1(v, L) \mod 1.$$

(iii) 一个容易的归纳论证指出为证明 (iii) 我们可以假设 $\mathfrak{g}$ 是一个素理想 $\mathfrak{q}$. 根据 $\mathfrak{q}$ 是否整除 $\mathfrak{m}$, 我们分为两个不同的情形. 当 $\mathfrak{q}$ 整除 $\mathfrak{m}$ 时, 由如上同样的讨论知, (2.57) 给出

$$E_1(v, L) = \sum_{u \in L/\mathfrak{q}L} E_1(v + u, \mathfrak{q}L) \equiv \mathbf{N}\mathfrak{q} \cdot E_1(v, \mathfrak{q}L) \mod 1,$$

因为所有 $\mathbf{N}\mathfrak{q}$ 个点 $\xi(v + u, \mathfrak{q}L)$ 在 $\mathrm{Gal}(K(\mathfrak{m}\mathfrak{q})/K(\mathfrak{m}))$ 下是共轭的. 另一方面, 如果 $\mathfrak{q} \nmid \mathfrak{m}$, 则由 (ii) 得,

$$(\mathbf{N}\mathfrak{q} - 1)E_1(v, L) = (\mathbf{N}\mathfrak{q} - 1) \cdot \sum_{u \in L/\mathfrak{q}L} E_1(v + u, \mathfrak{q}L)$$

$$\equiv (\mathbf{Nq} - 1)\mathbf{Nq} \cdot E_1(v, \mathfrak{q}L) \quad \mathrm{mod}\ 1.$$

这便证明了引理. $\square$

为方便以后参考, 我们这里提到另一个 (局部) 同余结果, 它可由引理 2.3.1 和命题 2.3.2(iv) 得出. 令 $\mathfrak{m}$ 被某个不同于 $\mathfrak{p}$ 的素理想除尽, 并且如同前面一样令 v 是 L 的本原 $\mathfrak{m}$ 分点. 对于 $0 \leqslant -j < k$, 若 $\overline{\mathfrak{m}} \mid c$, 则

$$(2c)^{-j} E_{j,k}(v, L) \equiv (-2cE_1(v, L))^{-j} E_k(v, L) \quad \mathrm{mod}\ \overline{\mathfrak{m}}. \tag{2.58}$$

2.3.5   目前为止所获得的结果已经具有某些独立的趣味, 但它们的重要性主要源自数 $E_{j,k}(v, L)$ 和 L 函数特殊值之间的关系. 回顾一下部分 L 函数 $L(\chi, s; (\frac{M/K}{\mathfrak{c}}))$ 定义为 $\sum \chi(\mathfrak{a})\mathbf{Na}^{-s}$, 和式取所有使得 $(\mathfrak{a}, \mathfrak{f}_{M/K}) = 1$ 且 $(\mathfrak{a}, M/K) = (\mathfrak{c}, M/K)$ 的整理想 $\mathfrak{a}$.

命题 2.3.6   令 φ 是 $(1,0)$ 型的 Hecke 特征, 其导子整除 $\mathfrak{m}$, 则对任意整理想 $\mathfrak{c}$, $(\mathfrak{c}, \mathfrak{m}) = 1$ 及 $\Omega \in \mathbb{C}^\times$ 有

$$\mathbf{Nm}^{-j} E_{j,k}(\Omega, \mathfrak{c}^{-1}\mathfrak{m}\Omega)$$

$$= (k-1)! \left(\frac{\sqrt{d_K}}{2\pi} \right)^j \Omega^{j-k} \cdot \varphi(\mathfrak{c})^{k-j} \cdot L\left(\overline{\varphi}^{k-j}, k; \left(\frac{K(\mathfrak{m})/K}{\mathfrak{c}} \right) \right). \tag{2.59}$$

证明   这是一个直接的计算, 至少当 $k + j \geqslant 3$ 的时候可归结为 (2.52). 在其余的情况下, 我们利用 Hecke 的技巧将 $|z + \omega|^{-2s}$ 引入 (2.52) 中且它对 s 是解析连续的. 这里相关的事实是 $E_{j,k}$ 是其在 $s = 0$ 处的解析连续取值 ([81] VIII, §14). 也可参考 [24] 推论 5.7. $\square$

注: 如果选取 Ω 使得 $L = \mathfrak{m}\Omega$ 是如本节开头的 Weierstrass 模型 E 的格, 则 (2.59) 的左边属于 $K(\mathfrak{m})$, 因此右边亦然. 这最初是由 Damerell [18] 发现的. 此情形下有 $E_{j,k}(\Omega, \mathfrak{c}^{-1}\mathfrak{m}\Omega) = \Lambda(\mathfrak{c})^{k-j} E_{j,k}(\Omega, \mathfrak{m}\Omega)^{\sigma_\mathfrak{c}}$.

2.4 p 进 L 函数

我们现在已经全面发展了构造 p 进 L 函数所需的所有要素. 第一章 §1.3 包含了将局部单位的范相容序列变成测度的方法. §2.2 提供了这种范相容序列的有趣的例子, 即椭圆单位. §2.3, 正如我们下面将要看到的, 将 Coleman 幂级数和经典 L 函数的特殊值联系起来. 现在, 我们将所有内容结合起来.

从现在起, p 表示在 K 中分裂的素数

$$(p) = \mathfrak{p}\bar{\mathfrak{p}}, \tag{2.60}$$

并且我们假设 $\mathfrak{p}$ 是由 $\overline{\mathbb{Q}}$ 到 $\mathbb{C}_p$ 的固定嵌入导出的素理想. 分裂的限制性强加于我们是由于在第一章 ⋄ 1.3.2 段所做的基础假设, 即形式群的高度是 1.

习惯上, p 进 L 函数被分为**单变量**或**双变量**. 因为我们的构造使用的是测度而不是幂级数, 所以这个区别就不那么明显了. 与幂级数版本的比较参见 ⋄ 2.4.13 段.

本节主要阐述的是定理 2.4.11 和定理 2.4.15, 建议读者在淹没于计算之前先查阅一下它们. 也许从一开始就值得注意的是, 仅仅为了理解这些表述, 并不需要任何关于椭圆曲线的内容. 构造所需的椭圆曲线已经在 ⋄ 2.1.4 段研究过, 其挠点在 K 上是 Abel 的.

2.4.1 固定 K 的一整理想 $\mathfrak{f}$, 满足 $w_{\mathfrak{f}} = 1$ 且与 $\mathfrak{p}$ 互素. 令 $F = K(\mathfrak{f}), F_n = K(\mathfrak{f}\mathfrak{p}^n)$. 这里要强调的是 $\mathfrak{f}$ 不需要与 $\bar{\mathfrak{p}}$ 互素. 事实上, 我们对定理 2.4.15 的主要兴趣是想看看当用 $\mathfrak{f}\bar{\mathfrak{p}}^m$ 代替原来的 $\mathfrak{f}$ 时会发生什么.

固定一个 $(1, 0)$ 型的 Hecke 特征 φ, 其导子整除 $\mathfrak{f}$, 以及一个 F 上的椭圆曲线 E, 满足条件 (2.12), 使其有 $\psi_{E/F} = \varphi \circ N_{F/K}$. 此 φ 和 E 的存在性由引理 2.1.1 得到. 对任何被 $\mathfrak{f}$ 整除的 $\mathfrak{g}$, 有 $K(\mathfrak{g}) = F(E[\mathfrak{g}])$. 特别地, 这对 $\mathfrak{g} = \mathfrak{f}\mathfrak{p}^n$ 成立. 进而, 我们通过在 $E[\mathfrak{p}^n]$ 上的作用得到 $\mathrm{Gal}(F_n/F) \cong (\mathcal{O}_K/\mathfrak{p}^n)^{\times}$ (推论 2.1.5).

同时考虑 $\mathfrak{p}$ 之上的所有素位, 则由第一章的局部结果很容易给出半局部版本, 这对接下来的内容很必要. 现在我们去实现它. 令

$$\Phi = F \otimes_K K_{\mathfrak{p}} = \oplus_{\mathfrak{P}|\mathfrak{p}} F_{\mathfrak{P}}, \quad R = \mathcal{O}_F \otimes_{\mathcal{O}_K} \mathcal{O}_{\mathfrak{p}} = \oplus_{\mathfrak{P}|\mathfrak{p}} \mathcal{O}_{\mathfrak{P}}. \tag{2.61}$$

以 F_n 代替 F 可类似地定义 Φ_n 和 R_n. 回顾一下, 在 F 的每个整除 $\mathfrak{p}$ 的素理想 $\mathfrak{P}$ 之上, 只有一个 F_n 的素理想 $\mathfrak{P}_n$.

令 $\mathcal{G} = \mathrm{Gal}(F_\infty/K)$, $G = \mathrm{Gal}(F_\infty/F) = \Gamma \times \Delta$, 其中 $\Gamma \cong 1 + p\mathbb{Z}_p$, $\Delta \cong \mathbb{F}_p^{\times}$. 无须赘言, $\mathcal{G}$ 作用在 Φ_n 是通过其在 F_n 上的作用得到的.

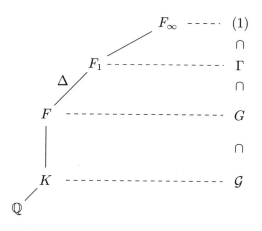

令 $R_n^\times = U_n \times V_n$ 是半局部单位的 pro-p 部分 U_n (主单位) 和阶与 p 互素的有限群 V_n 的分解. 显然, V_n 不依赖 n. 如果 $[F:K] = fg$, 且 $\mathfrak{p}$ 可分解成 g 个素理想 $\mathfrak{P}$, 每个范都是 $q = p^f$, 那么 $V_n \cong (\mathbb{F}_q^\times)^g$.

最后, 关于范映射定义逆向系

$$\mathcal{U} = \varprojlim U_n, \quad \mathcal{V} = \varprojlim V_n. \tag{2.62}$$

2.4.2 从现在开始, 令 E 是 $\mathcal{O}_F$ 在 $\mathfrak{p}$ 处的局部化上的一个特殊 Weierstrass 模型, 使得在 $\mathfrak{p}$ 之上具有好约化, 即 Δ 在每个整除 $\mathfrak{p}$ 的素位 $\mathfrak{P}$ 处是单位. 对于 $\sigma \in \text{Gal}(F/K)$, 模型 E^σ 是同样的类型, 这里对 E 所讲的也同等地应用到它们.

形式群 $\hat{E}$ 定义在 R 上, 其参数 t 对应于上面取定的特殊 Weierstrass 模型. 在每个 $\mathfrak{P}$ 处, $\hat{E}$ 投射到相对于非分歧扩张 $F_\mathfrak{P}/K_\mathfrak{p}$ 高度为 1 的 Lubin-Tate 形式群, 其定义在 $\mathcal{O}_\mathfrak{P}$ 上. 我们将其记为 $\hat{E}_\mathfrak{P}$ (◇ 2.1.8 段).

如果 $(\mathfrak{a}, \mathfrak{f}) = 1$, 则同源 $\lambda(\mathfrak{a})$ 诱导出 R 上形式群间的同态

$$\widehat{\lambda(\mathfrak{a})} : \hat{E} \to \widehat{E^{\sigma_\mathfrak{a}}}. \tag{2.63}$$

如果 $\sigma = \sigma_\mathfrak{a}$ 属于 $\mathfrak{p}$ 在 $\text{Gal}(F/K)$ 上的分解群, 则同态可以分解为 $\hat{E}_\mathfrak{P} \to \hat{E}_\mathfrak{P}^\sigma$ 的乘积, 其中 $\mathfrak{P}|\mathfrak{p}$. 在第一章 §1.1 的记号中, 这些箭头是 $[\Lambda(\mathfrak{a})]_{f,\sigma(f)}$. 事实上, $\Lambda(\mathfrak{a}) \in F_\mathfrak{P}$ 满足 $\Lambda(\mathfrak{a})^{\phi-1} = \Lambda(\mathfrak{p})^{\sigma-1}$ (其中 $\phi = \sigma_\mathfrak{p}$), 这必定成立, 否则 $[\Lambda(\mathfrak{a})]_{f,\sigma(f)}$ 没有意义 (命题 1.1.5). 进而, 若 $(\mathfrak{a}, \mathfrak{fp}) = 1$ 且 $(\mathfrak{a}, F/K) = 1$, 则 $\widehat{\lambda(\mathfrak{a})} \in \text{End}(\hat{E})$. 比较 (2.15) 与 (1.13), 我们可得

$$\Lambda(\mathfrak{a}) = \kappa(\sigma_\mathfrak{a}). \tag{2.64}$$

在第一章 §1.3 (1.18) 的约定下, 关于 κ 由 G 到 $\mathcal{G}$ 的扩张, (2.64) 甚至在没有 $(\mathfrak{a}, F/K) = 1$ 的条件下也是成立的. 现在, 自然有 $\Lambda(\mathfrak{a}) \in F$ 及 $\kappa(\sigma_\mathfrak{a}) \in \Phi$.

如之前一样, 我们令 L 是 E 的周期格, $L_\mathfrak{a} = \Lambda(\mathfrak{a})\mathfrak{a}^{-1}L$ 是 $E^{\sigma_\mathfrak{a}}$ 的周期格. 必要的时候, 我们将 E 替换为其共轭, 从而假设

$$L = \Omega\mathfrak{f}, \quad \Omega \in \mathbb{C}^\times. \tag{2.65}$$

一旦选定 Ω, 注意到 φ 和 (2.65) 在相差 F 同构之下唯一决定 E, 因此 $\Omega \mod F^\times$ 不依赖于特殊的 Weierstrass 模型.

2.4.3 p **进周期:** 令 $F' = F(E[\bar{\mathfrak{p}}^\infty])$, 以及

$$\Phi' = F' \otimes_K K_\mathfrak{p}, \quad R' = \mathcal{O}_{F'} \otimes_{\mathcal{O}_K} \mathcal{O}_\mathfrak{p}. \tag{2.66}$$

因为 $\mathfrak{p}$ 是有限分解的且在 F' 中非分歧, 所以 Φ' 是一些域的有限直和, 其中每个都是 $K_{\mathfrak{p}}$ 的非分歧扩张. 令 $\hat{\Phi}$ 和 $\hat{R}$ 是 Φ' 和 R' 的完备化. 显然 $\mathrm{Gal}(F'/K)$ 通过其在 F' 上的作用, 连续地作用到 Φ' 上, 且此作用可扩张到 $\hat{\Phi}$.

命题 2.4.1 *存在 $\hat{R}$ 上的形式群同构*

$$\theta : \hat{\mathbb{G}}_m \simeq \hat{E}, \quad t = \theta(S) = \Omega_p S + \cdots \in \hat{R}[[S]], \tag{2.67}$$

满足

$$\widehat{\lambda(\mathfrak{c})} \circ \theta = \theta^{\sigma_{\mathfrak{c}}} \circ [\mathbf{N}\mathfrak{c}]_{\hat{\mathbb{G}}_m}, \quad (\mathfrak{c}, \mathfrak{f}\overline{\mathfrak{p}}) = 1. \tag{2.68}$$

$\Omega_p \in \hat{R}^\times$ *由* (2.68) *模 $\mathcal{O}_{\mathfrak{p}}^\times$ 的同余类唯一确定.*

证明 这是第一章命题 1.1.7 和同构 (1.6) 的半局部版本. 首先注意到由 Tate 关于不变量的定理 ([74], p.176) 知 $\hat{\Phi}$ 在 $\mathrm{Gal}(F'/K)$ 下的不动子环是 $K_{\mathfrak{p}}$. 因为 (2.68) 表明

$$\Omega_p^{\sigma_{\mathfrak{c}}-1} = \Lambda(\mathfrak{c})\mathbf{N}\mathfrak{c}^{-1}, \quad (\mathfrak{c}, \mathfrak{f}\overline{\mathfrak{p}}) = 1, \tag{2.69}$$

且 $\sigma_{\mathfrak{c}}$ 在 $\mathrm{Gal}(F'/K)$ 上稠密, 故最后的断言得证.

为构造 θ, 首先我们需要找到 (2.69) 中的 Ω_p. 如果 $\sigma_{\mathfrak{c}}$ 在 F 和 $E[\overline{\mathfrak{p}}^m]$ 上是恒等的, 则有 (见 (2.18)) $\Lambda(\mathfrak{c}) = \varphi(\mathfrak{c})$, 且由 Weil 配对或从 $\varphi(\mathfrak{c})\overline{\varphi(\mathfrak{c})} = \mathbf{N}\mathfrak{c}$ 得, $\Lambda(\mathfrak{c})\mathbf{N}\mathfrak{c}^{-1} \equiv 1 \mod \mathfrak{p}^m$. 因此映射 $\sigma_{\mathfrak{c}} \mapsto \Lambda(\mathfrak{c})\mathbf{N}\mathfrak{c}^{-1}$ 可扩张成连续 1-上闭链 $\mathrm{Gal}(F'/K) \to R^\times \subset \hat{R}^\times$ (见 (2.17)). 因为 F'/K 在 $\mathfrak{p}$ 处非分歧, 故 Hilbert 定理 90 表明 $H^1(\mathrm{Gal}(F'/K), \hat{R}^\times) = 1$, 所以 Ω_p 存在 (比较第一章 §1.1 命题 1.1.7).

按照第一章的步骤进行. 由第一章 §1.1 引理 1.1.4 的半局部类比, 存在一个幂级数 θ 使得 $\widehat{\lambda(\mathfrak{p})} \circ \theta = \theta^{\sigma_{\mathfrak{p}}} \circ [p]_{\hat{\mathbb{G}}_m}$, $\theta(S) = \Omega_p S + \cdots$, 并且这意味着 $\theta : \hat{\mathbb{G}}_m \simeq \hat{E}$. 最后, (2.68) 成立是因为两边都是 $\hat{\mathbb{G}}_m$ 到 $\hat{E}^{\sigma_{\mathfrak{c}}}$ 的同态, 且在 0 处有相同导数. $\square$

2.4.4 选取 Ω_p:

固定 $\hat{\mathbb{G}}_m$ 的 Tate 模的生成元 (ζ_n), 正如第一章 $\diamond$ 1.3.2 段. 这个选取可以看作 $\mathbb{C}_p$ 的**定向**. 现在, 由命题 2.4.1 明显看出以下是等价的:

(i) Ω_p 如同 (2.69) 里的选择,

(ii) θ 如同 (2.67) 里的选择.

令

$$\omega_n = \theta^{\phi^{-n}}(\zeta_n - 1) \in R_n \tag{2.70}$$

(见第一章 §1.3 (1.8), $\phi = \sigma_{\mathfrak{p}}$). 从而存在唯一一个点 $u_n \in L/\mathfrak{p}^n L$ 使得

$$\omega_n = t(\xi(\Lambda(\mathfrak{p}^{-n})u_n, \Lambda(\mathfrak{p}^{-n})\mathfrak{p}^n L)). \tag{2.71}$$

回顾一下, $\xi(\cdot, \Lambda(\mathfrak{p}^{-n})\mathfrak{p}^n L) : \mathbb{C}/\Lambda(\mathfrak{p}^{-n})\mathfrak{p}^n L \simeq E^{\phi^{-n}}(\mathbb{C})$. 进而, 因为 $(\phi^{-n}\widehat{\lambda(\mathfrak{p})})(\omega_n)$ $= \omega_{n-1}$, 所以 $u_n \mod \mathfrak{p}^{n-1}L = u_{n-1}$. 见交换图 (2.21). 显然 (i) 和 (ii) 也等价于下面之一:

(iii) (ω_n) 的选择, 使得 $\phi^{-n}\widehat{\lambda(\mathfrak{p})}(\omega_n) = \omega_{n-1}$ 及 $\phi^{-n}\widehat{\lambda(\mathfrak{c})}(\omega_n) = \sigma_{\mathfrak{c}}(\omega_n), (\mathfrak{c}, \mathfrak{f}\mathfrak{p})$ $= 1$.

(iv) 级 $\mathfrak{p}^n$ 的本原点 $u_n \in L/\mathfrak{p}^n L$ 的选择, 使得对每个 $n \geqslant 1$ 有 $u_n \equiv u_{n-1}$ $\mod \mathfrak{p}^{n-1}L$.

我们要说明, 在取定 $\mathbb{C}_p$ 的定向后, Ω 是如何典范地决定 Ω_p 的. 令 w_n 是 $\mathfrak{p}^n L$ 的满足 $\phi^n(\xi(\Lambda(\mathfrak{p}^{-n})w_n, \Lambda(\mathfrak{p}^{-n})\mathfrak{p}^n L)) = \xi(\Omega, L)$ 的唯一 $\mathfrak{f}$ 分点. 交换图 (2.21) 表明 $w_n \equiv w_{n-1} \mod \mathfrak{p}^{n-1}L$, 特别地, $w_n \equiv w_0 \equiv \Omega \mod L$. 如果我们定义 $u_n = w_n - \Omega \mod \mathfrak{p}^n L$, 我们便获得了如同 (iv) 中的序列 (u_n).

定义 2.4.2   取 $L = \mathfrak{f}\Omega$ (2.65), 令 w_n 和 u_n 分别是 $\mathfrak{p}^n L$ 中唯一的 $\mathfrak{f}$ 分点和 $\mathfrak{p}^n$ 分点, 使得 $w_n - u_n \equiv \Omega \mod \mathfrak{p}^n L$. 令 ω_n 由 (2.71) 确定, θ 由 (2.70) 确定, 以及 Ω_p (对应于 Ω 的 p 进周期) 由 (2.67) 确定.

容易验证 $\langle \Omega, \Omega_p \rangle \in (\mathbb{C}^\times \times \mathbb{C}_p^\times)/\overline{\mathbb{Q}}^\times$ 不依赖于 Ω; 它仅依赖于 (ζ_n) 的固定选取. 也可参考注记 2.4.10(iv). 实际上, 成立更进一步的结论; 配对 $\langle \Omega, \Omega_p \rangle$ 模 $F^\times$ 是定义合理的, 甚至模去 $F^\times$ 中在 $\mathfrak{p}$ 处是单位的元也是定义合理的.

2.4.5   以下命题是第一章定理 1.2.2 的半局部版本.

命题 2.4.3   令 $\beta = (\beta_n) \in \mathcal{U}$. 存在唯一一个幂级数 $g_\beta(T) \in R[[T]]^\times$ 满足

$$\beta_n = (\phi^{-n} g_\beta)(\omega_n), \quad n \geqslant 1. \tag{2.72}$$

进而如下性质成立:

(i) $\beta_0 = g_\beta(0)^{1-\phi^{-1}}$,

(ii) $g_{\beta\beta'} = g_\beta \cdot g_{\beta'}$,

(iii) $g_\beta^\phi \circ \widehat{\lambda(\mathfrak{p})}(T) = \prod_{\omega \in \hat{E}[\mathfrak{p}]} g_\beta(T[+]\omega)$,

(iv) $g_{\sigma_{\mathfrak{c}}(\beta)} = \sigma_{\mathfrak{c}}(g_\beta) \circ \widehat{\lambda(\mathfrak{c})}, \quad (\mathfrak{c}, \mathfrak{f}\mathfrak{p}) = 1$.

证明   参见第一章 §1.2 定理 1.2.2, 推论 1.2.3. 对于 (iv) 条可参考第一章 $\diamond$ 1.3.6 段, 尤其是 (1.19). $\square$

2.4.6   类似地, 下列命题概述了第一章 $\diamond$ 1.3.2 — 1.3.3 段内容的半局部版本.

命题 2.4.4   存在唯一一个 $\mathcal{G}$ 同态 $i : \mathcal{U} \to \Lambda(\mathcal{G}, \hat{R})$ ($= \mathcal{G}$ 上 $\hat{R}$ 值测度), $i(\beta) = \mu_\beta$, 满足

$$\widetilde{\log} g_\beta \circ \theta(S) = \int_G (1+S)^{\kappa(\sigma)} d\mu_\beta(\sigma), \tag{2.73}$$

其中, $\kappa : G \simeq \mathbb{Z}_p^\times$ 是给出在 $E[\mathfrak{p}^\infty]$ 上作用的特征, $\widetilde{\log} g$ 由第一章 §1.3 (1.10) 定义, 那里 $W_f^1 = \hat{E}[\mathfrak{p}]$. 测度 μ_β 依赖于 (ζ_n) 的选取, 不依赖 θ (或如同 ◇ 2.4.4 段的等价结论).

2.4.7 回顾一下, 我们已经取定了 $\overline{\mathbb{Q}}$ 到 $\mathbb{C}_p$ 的嵌入. 这意味着 $\hat{\Phi}$ 映射到 $\mathbb{C}_p$ 的方式是将其域分支之一同构地映成 $\mathbb{C}_p$ 的一子域, 其余的映成 0. μ_β 在此映射下的像记成 μ_β^0; 它是 $\mathcal{G}$ 上的整 p 进测度. 引入 μ_β^0 代替 μ_β 的原因是我们希望对 $\mathcal{G}$ 的特定 $\mathbb{C}_p$ 值特征在此测度上进行积分, 且这些特征一般不是 $\hat{\Phi}$ 值的. 下面两个引理可作为第一章 ◇ 1.3.4, 1.3.5 段的补充.

引理 2.4.5 令 χ 是 $\mathrm{Gal}(F/K)$ 的特征, φ 是 ◇ 2.4.1 段里固定的 $(1,0)$ 型 Hecke 特征. 对 $k \geqslant 0, \beta \in \mathcal{U}$, 令

$$\delta_k(\beta) = D^k \log(g_\beta \circ \theta)(0), \quad D = (1+S)\frac{d}{dS} \tag{2.74}$$

是 Kummer 对数导数 (◇ 1.3.4 段), 且令 $\delta_k(\beta)^0$ 是它们从 $\hat{R}$ 到 $\mathbb{C}_p$ 的投射. 选取 K 的一些理想 $\mathfrak{c}$, 它与 $\mathfrak{fp}$ 互素, 其 Artin 符号 $(\mathfrak{c}, F/K)$ 代表 $\mathrm{Gal}(F/K)$. 那么对任意 $k \geqslant 0$, 下列等式成立:

$$\left(1 - \frac{\chi\varphi^k(\mathfrak{p})}{p}\right) \cdot \sum_\mathfrak{c} \chi\varphi^k(\mathfrak{c}^{-1}) \cdot \delta_k(\sigma_\mathfrak{c}(\beta))^0 = \int_\mathcal{G} \chi\varphi^k(\sigma) d\mu_\beta^0(\sigma). \tag{2.75}$$

这里我们将 φ 看作 $\mathcal{G}$ 的 p 进特征 (见 ◇ 2.1.1 段最后的注记). 特别地, 对 $\sigma \in G$ 有 $\varphi(\sigma) = \kappa(\sigma)$.

证明 如果 $\tilde{\delta}_k(\beta)$ 类似 (2.74) 中定义, 但换作 $\widetilde{\log}(g_\beta \circ \theta)$ (§1.3 (1.12)), 则有

$$\tilde{\delta}_k(\beta) = \delta_k(\beta) - p^{k-1}\sigma_\mathfrak{p}(\delta_k(\beta)). \tag{2.76}$$

而且, 若 $(\mathfrak{c}, \mathfrak{fp}) = 1$, 由命题 2.4.3(iv) 和 (2.68) 知

$$\delta_k(\sigma_\mathfrak{c}(\beta)) = \mathbf{N}\mathfrak{c}^k \cdot \sigma_\mathfrak{c}(\delta_k(\beta)). \tag{2.77}$$

将 (2.75) 的左边替换为

$$\left(1 - \frac{\chi\varphi^k(\mathfrak{p})}{p}\right) \sum_\mathfrak{c} \chi\varphi^k(\mathfrak{c}^{-1}) \cdot \mathbf{N}\mathfrak{c}^k \cdot \sigma_\mathfrak{c}(\delta_k(\beta))^0$$

$$= \sum_{\mathfrak{c}} \chi\varphi^k(\mathfrak{c}^{-1}) \cdot \tilde{\delta}_k(\sigma_{\mathfrak{c}}(\beta))^0 \qquad (\text{由 } (2.76) \text{ 和 } (2.77))$$

$$= \sum_{\mathfrak{c}} \chi\varphi^k(\mathfrak{c}^{-1}) \cdot \int_G \varphi(\sigma)^k d\mu_{\sigma_{\mathfrak{c}}(\beta)}(\sigma) \qquad (\S1.3 \ (1.14))$$

$$= \sum_{\mathfrak{c}} \chi\varphi^k(\mathfrak{c}^{-1}) \cdot \int_G \varphi(\sigma)^k d\mu^0_\beta(\sigma\sigma_{\mathfrak{c}}^{-1})$$

$$= \int_G \chi\varphi^k(\sigma) d\mu^0_\beta(\sigma). \qquad\qquad \Box$$

引理 2.4.6 令 χ 是 $\mathrm{Gal}(F_n/K)$ 的特征, $n \geqslant 1$, 并设 n 是 $\mathfrak{p}$ 在其导子中的幂. 定义 Gauss 和

$$\tau(\chi) = \frac{1}{p^n} \sum_{\gamma \in \mathrm{Gal}(F_n/F)} \chi(\gamma)\zeta_n^{-\kappa(\gamma)} \tag{2.78}$$

(这是定义合理的, 因为 γ 在模 p^n 下决定了 $\kappa(\gamma)$). 对 $k \geqslant 0$, $\beta \in \mathcal{U}$, 令

$$\delta_{k,n}(\beta) = D^k \log(g_\beta \circ \theta)(\zeta_n - 1), \quad D = (1+S)\frac{d}{dS} \tag{2.79}$$

(在 $\hat{\Phi} \otimes K_{\mathfrak{p}}(\zeta_n)$ 中), 且令 $\delta_{k,n}(\beta)^0$ 是它到 $\mathbb{C}_p$ 的投射. 选取一些理想 $\mathfrak{c}$, 它与 $\mathfrak{fp}$ 互素, 其 Artin 符号 $(\mathfrak{c}, F_n/K)$ 代表 $\mathrm{Gal}(F_n/K)$. 从而,

$$\tau(\chi) \cdot \sum_{\mathfrak{c}} \chi\varphi^k(\mathfrak{c}^{-1}) \cdot \delta_{k,n}(\sigma_{\mathfrak{c}}(\beta))^0 = \int_G \chi\varphi^k(\sigma) d\mu^0_\beta(\sigma). \tag{2.80}$$

证明 这一次我们先计算右边. 正如 $\diamond$ 1.3.5 段, 我们容易看到

$$\int_G \chi\varphi^k(\sigma) d\mu^0_\beta(\sigma)$$

$$= \sum_{\mathfrak{c}} \chi\varphi^k(\mathfrak{c}^{-1}) \cdot \int_{G_n} \varphi^k(\sigma) d\mu^0_{\sigma_{\mathfrak{c}}(\beta)}(\sigma) \qquad G_n = \mathrm{Gal}(F_\infty/F_n)$$

$$= \sum_{\mathfrak{c}} \chi\varphi^k(\mathfrak{c}^{-1}) \cdot \frac{1}{p^n} \sum_{j=0}^{p^n-1} D^k \log(g_{\sigma_{\mathfrak{c}}(\beta)} \circ \theta)(\zeta_n^j - 1) \cdot \zeta_n^{-j}.$$

若 $\gamma \in G$ 且 $\kappa(\gamma) \equiv j \mod p^n$, 则

$$D^k \log(g_{\sigma_{\mathfrak{c}}(\beta)} \circ \theta)(\zeta_n^j - 1) = \kappa(\gamma)^{-k} \cdot D^k \log(g_{\sigma_{\mathfrak{c}}\gamma(\beta)} \circ \theta)(\zeta_n - 1), \tag{2.81}$$

由命题 2.4.3 (iv) 得出. 对每个 $\mathfrak{c}$ 和每个与 p 互素的 j, 存在上述唯一的 $\gamma \in G$ 使得 $\sigma_{\mathfrak{c}}\gamma = \sigma_{\mathfrak{c}'}$ 是前面选定的 $\mathrm{Gal}(F_n/K)$ 的一个代表. 由此得出对应 $(j,p)=1$ 的二

重和部分等于 (2.80) 的左边. 另一方面, 满足 $p \mid j$ 的关于 $\mathfrak{c}$ 的和项消失, 这是因为 n 恰是 $\mathfrak{p}$ 在 $\mathfrak{f}_\chi$ 的幂. 为说明这一点, 令 $\mathfrak{b}$ 满足 $\sigma_\mathfrak{b} \in \mathrm{Gal}(F_\infty/F_{n-1})$, 则有

$$D^k \log(g_{\sigma_\mathfrak{b}(\beta)} \circ \theta)(\zeta_{n-1}^a - 1) = \varphi^k(\mathfrak{b}) \cdot D^k \log(g_\beta \circ \theta)(\zeta_{n-1}^a - 1)$$

((2.81) 的特例). 如果 $j = pa$, 将 $\mathfrak{c}$ 的集合按模 $\mathrm{Gal}(F_\infty/F_{n-1})$ 的陪集分解, 并利用上一个公式与

$$\sum_{\sigma \in \mathrm{Gal}(F_n/F_{n-1})} \chi(\sigma) = 0$$

来验证我们的断言. □

2.4.8 如果我们精确知道 g_β 的话, 那么引理 2.4.5, 引理 2.4.6 (其容许统一的表述) 允许我们计算 $\chi\varphi^k$ 在 μ_β 上的积分. 是时候提出椭圆单位了.

令 $\mathfrak{a}$ 是与 $\mathfrak{fp}$ 互素的整理想. 对 $n \geqslant 0$, 定义

$$e_n(\mathfrak{a}) = \Theta(\Omega; \mathfrak{p}^n L, \mathfrak{a}). \tag{2.82}$$

那么 $e_n(\mathfrak{a})$ $(n \geqslant 1)$ 是 F_n 的单位 (命题 2.2.4) 且对 $m \geqslant n \geqslant 1$ 有 $\mathrm{N}_{m,n} e_m(\mathfrak{a}) = e_n(\mathfrak{a})$ (命题 2.2.2; 也可参考命题 2.2.4(iii) 的第一个证明). 我们令

$$e(\mathfrak{a}) = \varprojlim e_n(\mathfrak{a}) \quad (\text{关于 } \mathrm{N}_{m,n}), \tag{2.83}$$

记 $\beta(\mathfrak{a})$ 是 $e(\mathfrak{a})$ 到 $\varprojlim R_n^\times$ 的 pro-p 部分 $\mathcal{U}$ 的投射. 我们的第一个任务是计算 Coleman 幂级数 $g_{e(\mathfrak{a})}$.

令 $\lambda_{\hat{E}} \in \Phi[[T]]$ 是形式群 $\hat{E}$ 的对数, 正规化到 $\lambda'_{\hat{E}}(0) = 1$.

命题 2.4.7 令 $P(z) \in F[[z]]$ 是 $\Theta(\Omega - z; L, \mathfrak{a})$ 的 Talyor 级数展开式. 令 $Q(T) = P(\lambda_{\hat{E}}(T))$ (用 $\Phi[[T]]$ 的幂级数作形式运算), 则有
(i) $Q(T) \in R[[T]]^\times$,
(ii) $e_n(\mathfrak{a}) = (\phi^{-n} Q)(\omega_n), \quad n \geqslant 0$.
因此, $g_{e(\mathfrak{a})} = Q(T)$, 并且 $g_{\beta(\mathfrak{a})}/g_{e(\mathfrak{a})}$ 是常数.

证明 首先, 注意到 $\omega_E = dz$ 是 F 有理微分, 故 z 是 E 在原点处的 F 有理局部参数. 因为 $E[\mathfrak{f}] \subset F$, 所以椭圆函数 $\Theta(\Omega - z; L, \mathfrak{a})$ 定义在 F 上, 因此 $P(z)$ 实际上属于 $F[[z]]$. 这允许我们由复数域转到 p 进数域上, 并且 $Q(T) \in \Phi[[T]]$ 定义合理.

我们断言, 作为原点的局部参数, z 和 t 由 $z = \lambda_{\hat{E}}(t)$ 相联系. 事实上, 因为形式群在 z 变量处是加法群, 所以 z 是 t 的某个对数. 因为 $dt/dz(0) = 1$, 故 z 是 t 的正规化对数. 那么 $Q(T)$ 恰好是 $\Theta(\Omega - z; L, \mathfrak{a})$ 在 0 处以 t 为项的展开式.

为验证 (i), 我们可以通过 "纯思想" 来论证函数 $\Theta(\Omega - z; L, \mathfrak{a})$ 在 $\mathfrak{p}$ 处有好约化, 这可从等式 (2.38) 看出. 但是利用 [75] 中 (14) (注意: Tate 的 z 是我们的 t) 和三次曲线的加法群来计算它的 t 展开是有益的. 在一般的 Weierstrass 模型里 (方程 (2.25)), $P_1 = (x_1, y_1)$ 与 $P_2 = (x_2, y_2)$ 两点的和的 x 坐标是

$$\left(\frac{y_2 - y_1}{x_2 - x_1}\right)^2 + a_1\left(\frac{y_2 - y_1}{x_2 - x_1}\right) - a_2 - x_1 - x_2.$$

现在 $\Delta(L), \Delta(\mathfrak{a}^{-1}L) \in R^\times$, 故对 $v \in \mathfrak{a}^{-1}L/L - \{0\}$ 只要找到 $\wp(\Omega - z, L) - \wp(v, L)$ 的 t 展开式就足够了. 上面的公式说明这是以 t 为变量的幂级数, 拥有 $\mathfrak{p}$-整系数, 常数项是 $\wp(\Omega, L) - \wp(v, L)$. 但这是一个 $\mathfrak{p}$ 单位, 因为 $(\mathfrak{f}, \mathfrak{a}) = 1$ 且两个理想均与 $\mathfrak{p}$ 互素 (同样的论证可参考命题 2.2.4(iii) 的第二个证明).

为证明 (ii), 我们必须用到 ◇ 2.4.4 段里 (ω_n) 的选取. 回顾一下, w_n 被定义为 $\mathfrak{p}^n L$ 的唯一 $\mathfrak{f}$ 分点使得

$$\phi^n(\xi(\Lambda(\mathfrak{p}^{-n})w_n, \Lambda(\mathfrak{p}^{-n})\mathfrak{p}^n L)) = \xi(\Omega, L). \tag{2.84}$$

由此得出 $(\phi^{-n}P)(z) = \Theta(\Lambda(\mathfrak{p}^{-n})w_n - z; \Lambda(\mathfrak{p}^{-n})\mathfrak{p}^n L, \mathfrak{a})$. 在此函数 (在椭圆曲线 $E^{\phi^{-n}}$ 上) 的 t 展开式里替换 $t = \omega_n$. 鉴于等式 (2.71), 我们得到值

$$\Theta(\Lambda(\mathfrak{p}^{-n})w_n - \Lambda(\mathfrak{p}^{-n})u_n; \Lambda(\mathfrak{p}^{-n})\mathfrak{p}^n L, \mathfrak{a}),$$

它恰好是 $e_n(\mathfrak{a})$, 这是由于 u_n 的选取所致. 至此便证明了该命题. $\qquad\square$

2.4.9 为得到这一想法即 $\mu_{\beta(\mathfrak{a})}$ 看起来像什么, 引理 2.4.5, 引理 2.4.6 告诉我们必须去计算 $\delta_{k,n}(\beta(\mathfrak{a}))$. 命题 2.4.7 表明, 替换 $t = \theta(S)$, 知

$$\begin{aligned}
\delta_{k,n}(\beta(\mathfrak{a})) &= \left(\frac{\Omega_p}{\lambda'_{\hat{E}}(t)}\frac{d}{dt}\right)^k \log g_{e(\mathfrak{a})}(t)|_{t=\theta(\zeta_n-1)}\\
&= \Omega_p^k \cdot \left(\frac{d}{dz}\right)^k \log\Theta(\Omega - z; L, \mathfrak{a})|_{z=v_n} \tag{2.85}\\
&= -12 \cdot \Omega_p^k \cdot E_k(\Omega - v_n; L, \mathfrak{a}) \quad (\text{参考 } (2.53)),
\end{aligned}$$

其中 v_n 是 L 的 $\mathfrak{p}^n$ 分点, 使得 $t(\xi(v_n, L)) = \theta(\zeta_n - 1)$.

引理 2.4.8 令 $k \geqslant 1, n \geqslant 0$. 选取一素理想 $\mathfrak{q}$, $(\mathfrak{q}, \mathfrak{fp}) = 1$, 使得 $\mathbf{N}\mathfrak{q} \equiv 1 \bmod p^n$, $(\mathfrak{q}, F/K) = (\mathfrak{p}^n, F/K)$. 从而有

$$\Omega_p^{-k} \cdot \delta_{k,n}(\beta(\mathfrak{a})) = \Omega^{-k} \cdot (-12)(k-1)! \cdot \varphi^k(\mathfrak{p}^n)$$
$$\cdot \left\{ \mathbf{N}\mathfrak{a}\, L\left(\overline{\varphi}^k, k; \left(\frac{F_n/K}{\mathfrak{q}}\right)\right) - \varphi^k(\mathfrak{a}) L\left(\overline{\varphi}^k, k; \left(\frac{F_n/K}{\mathfrak{q}\mathfrak{a}}\right)\right) \right\}.$$

$$(2.86)$$

这里 $L\left(\chi, s; \left(\frac{M/K}{\mathfrak{c}}\right)\right) = \sum \chi(\mathfrak{a}) \mathbf{N}\mathfrak{a}^{-s}$, 和式遍历所有满足 $(\mathfrak{a}, \mathfrak{f}_{M/K}) = 1$ 及 $(\mathfrak{a}, M/K) = (\mathfrak{c}, M/K)$ 的整理想 $\mathfrak{a}$. (2.86) 两端均属于 F_n.

证明 <u>第一步</u>. $E_k(\Omega - v_n; L, \mathfrak{a}) = \Lambda(\mathfrak{p}^n)^k \cdot E_k(\Omega; \mathfrak{p}^n L, \mathfrak{a})^{\sigma_\mathfrak{q}}$. 实际上,

$$\Lambda(\mathfrak{p}^n)^k \cdot E_k(\Omega; \mathfrak{p}^n L, \mathfrak{a})^{\sigma_\mathfrak{q}} = (\Lambda(\mathfrak{p}^{-n})^{-k} E_k(\Omega; \mathfrak{p}^n L, \mathfrak{a}))^{\sigma_\mathfrak{q}}$$
$$= E_k(\Lambda(\mathfrak{p}^{-n})\Omega; \Lambda(\mathfrak{p}^{-n})\mathfrak{p}^n L, \mathfrak{a})^{\sigma_\mathfrak{q}} \qquad (\text{命题 2.3.2})$$
$$= E_k(\Lambda(\mathfrak{q}\mathfrak{p}^{-n})\Omega; L, \mathfrak{a}), \qquad \text{因为 } \Lambda(\mathfrak{q}\mathfrak{p}^{-n})\mathfrak{p}^n \mathfrak{q}^{-1} = \mathcal{O}_K.$$

然而, 由 (2.70) 和 (2.71) 我们得到 $v_n \equiv \Lambda(\mathfrak{q}\mathfrak{p}^{-n})u_n \mod L$, 所以由 u_n 和 w_n 的定义 (◇ 2.4.4 段) 知, $\Lambda(\mathfrak{q}\mathfrak{p}^{-n})\Omega \equiv \Lambda(\mathfrak{q}\mathfrak{p}^{-n})w_n - v_n \mod L$. 最后, 因为 $w_n \equiv \Omega \mod L$ 及 $\Lambda(\mathfrak{q}\mathfrak{p}^{-n}) = \varphi(\mathfrak{q}\mathfrak{p}^{-n}) \equiv 1 \mod \mathfrak{f}$, 我们推出 $\Lambda(\mathfrak{q}\mathfrak{p}^{-n})\Omega \equiv \Omega - v_n \mod L$, 正是所要求的.

<u>第二步</u>. 由第一步和 (2.85) 可以看出仍需证明

$$\Lambda(\mathfrak{p}^n)^k E_k(\Omega; \mathfrak{p}^n L, \mathfrak{a})^{\sigma_\mathfrak{q}}$$
$$= \Omega^{-k}(k-1)!\varphi^k(\mathfrak{p}^n)$$
$$\cdot \left\{ \mathbf{N}\mathfrak{a}\, L\left(\overline{\varphi}^k, k; \left(\frac{F_n/K}{\mathfrak{q}}\right)\right) - \varphi^k(\mathfrak{a}) L\left(\overline{\varphi}^k, k; \left(\frac{F_n/K}{\mathfrak{q}\mathfrak{a}}\right)\right) \right\}.$$

记 $\Lambda(\mathfrak{p}^n) = \Lambda(\mathfrak{q}) \cdot \varphi(\mathfrak{p}^n \mathfrak{q}^{-1})$, 利用关系

$$E_k(\Omega; \mathfrak{p}^n L, \mathfrak{a}) = \mathbf{N}\mathfrak{a} \cdot E_k(\Omega, \mathfrak{p}^n L) - \Lambda(\mathfrak{a}^k) \cdot E_k(\Omega, \mathfrak{p}^n L)^{\sigma_\mathfrak{a}}$$

(由 §2.3 的 (2.51) 和 (2.54) 推出), 我们看到只需证明

$$\Lambda(\mathfrak{c})^k \cdot E_k(\Omega, \mathfrak{p}^n L)^{\sigma_\mathfrak{c}} = \Omega^{-k}(k-1)!\varphi^k(\mathfrak{c}) \cdot L\left(\overline{\varphi}^k, k; \left(\frac{F_n/K}{\mathfrak{c}}\right)\right) \qquad (2.87)$$

对任意满足 $(\mathfrak{c}, \mathfrak{f}\mathfrak{p}) = 1$ 的整理想 $\mathfrak{c}$ 成立就可以. 这是命题 2.3.6 所做的. □

2.4.10 我们现在可以表述第一个主定理. 令 $\mathfrak{f}$ 是 K 的理想使得 $w_\mathfrak{f} = 1$, $\mathfrak{p}$ 是一分裂素理想, 满足 $(\mathfrak{p}, \mathfrak{f}) = 1$. 令 $e_n(\mathfrak{a}) = \Theta(1; \mathfrak{f}\mathfrak{p}^n, \mathfrak{a})$, $(\mathfrak{a}, \mathfrak{f}\mathfrak{p}) = 1, n \geqslant 1$, 是

$F_n = K(\mathfrak{f}\mathfrak{p}^n)$ 的椭圆单位 (2.82). 定义 $e(\mathfrak{a})$ 和 $\beta(\mathfrak{a})$ 如 ◇ 2.4.8 段里, 回顾一下 $\mathcal{G} = \mathrm{Gal}(F_\infty/K)$. 令 $\mu_{\mathfrak{a}} = \mu^0_{\beta(\mathfrak{a})}$ 是 $\mathcal{G}$ 上对应 $\beta(\mathfrak{a})$ 的 p 进整测度, 正如 ◇ 2.4.6, ◇ 2.4.7 段.

定理 2.4.9 存在一个复 "周期" $\Omega \in \mathbb{C}^\times$ 和 p 进 "周期" $\Omega_p \in \mathbb{C}_p^\times$, 使得如下插值公式成立:

$$\Omega_p^{-k} \cdot \int_{\mathcal{G}} \varepsilon(\sigma) d\mu_{\mathfrak{a}}(\sigma) \tag{2.88}$$

$$= \Omega^{-k} \cdot 12(k-1)! \cdot G(\varepsilon) \cdot \left(1 - \frac{\varepsilon(\mathfrak{p})}{p}\right) \cdot (\varepsilon(\mathfrak{a}) - \mathbf{N}\mathfrak{a}) \cdot L_{\mathfrak{f}}(\varepsilon^{-1}, 0),$$

其中两端都在 $\overline{\mathbb{Q}}$ 中. 这里 Hecke 特征 ε 假设是 $(k,0)$ 型的, $k \geqslant 1$, 且导子整除 $\mathfrak{f}\mathfrak{p}^\infty$. 复 L 函数取模为 $\mathfrak{f}$. "类 Gauss 和" $G(\varepsilon)$ 定义如下: 令 $F' = K(\mathfrak{f}\overline{\mathfrak{p}}^\infty)$, 故有 $F'F_n = K(\mathfrak{f}\mathfrak{p}^n\overline{\mathfrak{p}}^\infty)$. 记 $\varepsilon = \chi\varphi^k$, 使得 Hecke 特征 φ 是 $(1,0)$ 型的且导子整除 $\mathfrak{f}$. 令 $S = \{\gamma \in \mathrm{Gal}(F'F_n/K) \mid \gamma|_{F'} = (\mathfrak{p}^n, F'/K)\}$, 这里 n 恰是 $\mathfrak{p}$ 在 ε 的导子中的幂次. 从而,

$$G(\varepsilon) = \frac{\varphi^k(\mathfrak{p}^n)}{p^n} \cdot \sum_{\gamma \in S} \chi(\gamma)(\zeta_n^\gamma)^{-1}. \tag{2.89}$$

注记 2.4.10 (i) $G(\varepsilon)$ 定义合理, 因为 $\zeta_n \in F'F_n$ 且它仅整体上依赖 ε (不是依赖 φ 或 χ). 如果 ε 在 $\mathfrak{p}$ 处非分歧, 则 $G(\varepsilon) = 1$, 并且当 $k = 0$ 时它是通常的 Gauss 和. 它位于 CM 域里 ([24] §4), 且 $G(\varepsilon)\overline{G(\varepsilon)} = p^{n(k-1)}$.

(ii) 注: $\mathfrak{a}$ 插入 (2.88) 的右端仅通过扭曲因子 $\varepsilon(\mathfrak{a}) - \mathbf{N}\mathfrak{a}$.

(iii) 证明过程显示我们可取 Ω_p 为 $\mathbb{Q}_p^{\mathrm{ur}}$ 的完备化中的单位.

(iv) **周期对类** $\langle\Omega, \Omega_p\rangle \in (\mathbb{C}^\times \times \mathbb{C}_p^\times)/\overline{\mathbb{Q}}^\times$ 和 $\mu_{\mathfrak{a}}$ 都由 (2.88) 唯一决定. 事实上, 假设 $\tilde{\Omega}, \tilde{\Omega}_p$ 和 $\tilde{\mu}$ 也满足它. 令 $d\lambda_1(\sigma) = \varphi(\sigma)d\mu_{\mathfrak{a}}(\sigma)$ 和 $d\lambda_2(\sigma) = \varphi(\sigma)d\tilde{\mu}(\sigma)$, 则存在一个常数 $c \in \overline{\mathbb{Q}}^\times$ 使得对任意有限阶的 χ 有 $\int \chi d\lambda_1 = c \int \chi d\lambda_2$. 因此, $\lambda_1 = c\lambda_2$ 且 $\mu_{\mathfrak{a}} = c\tilde{\mu}$. 但是 $c\Omega\tilde{\Omega}^{-1} = \Omega_p\tilde{\Omega}_p^{-1}$, 所以如果假设 (2.88) 对所有的 $\varphi^k\chi$, $k \geqslant 1$ 成立, 则 $c = 1$.

$\mu_{\mathfrak{a}}$, Ω_p 和 $G(\varepsilon)$ 关于 (ζ_n) 的依赖性和 (2.88) 相容, 这也许是要说明的一点.

证明 记 $\varepsilon = \chi\varphi^k$ 如上. 取定 E 同 ◇ 2.4.1—2.4.2 段里的, Ω 和 Ω_p 同 (2.65) 和 ◇ 2.4.3—2.4.4 段里的, 并由公式 (2.75), (2.80) 和 (2.86) 来计算 (2.88). 利用命题 2.2.4(ii) 知 $\sigma_{\mathfrak{c}}(\beta(\mathfrak{a})) = \beta(\mathfrak{a}\mathfrak{c})\beta(\mathfrak{c})^{-\mathbf{N}\mathfrak{a}}$. 我们得到 (2.88), 其中 $G(\varepsilon)$ 为 $\varphi^k(\mathfrak{p}^n)\chi(\mathfrak{q})\tau(\chi)$ (见 (2.78)). 现在令 $F'_n = F(E[\overline{\mathfrak{p}}^n])$, 则 $F_nF'_n = K(\mathfrak{f}\mathfrak{p}^n)$, 所以 $\zeta_n \in F_nF'_n$ (这是 Weil 对的结论). 我们选取 $\mathfrak{q}$ 使得 $(\mathfrak{q}, F'_n/K) = (\mathfrak{p}^n, F'_n/K)$ 且 $\mathbf{N}\mathfrak{q} \equiv 1 \mod p^n$. 如果 $\gamma \in \mathrm{Gal}(F_nF'_n/K)$ 且 $\gamma|_{F'_n} = (\mathfrak{q}, F'_n/K)$, 则

$$\zeta_n^\gamma = \zeta_n^{\gamma\sigma_{\mathfrak{q}}^{-1}} = \zeta_n^{\kappa(\gamma\sigma_{\mathfrak{q}}^{-1})},$$

这是因为 $\gamma\sigma_{\mathfrak{q}}^{-1}$ 在 $E[\overline{\mathfrak{p}}^n]$ 上是恒等作用, 所以其在 $E[\mathfrak{p}^n]$ 和 μ_{p^n} 的作用由同样的特征给出. 由此得到 (2.89). □

定理 2.4.11 (i) 令 $\mathfrak{f}$ 是 K 的任意非平凡整理想, $\mathfrak{p}$ 是一分裂素理想且 $(\mathfrak{p},\mathfrak{f})=1$. 令 $G(\varepsilon)$ 如同 (2.89) 中定义, 则存在周期 $\Omega \in \mathbb{C}^\times$, $\Omega_p \in \mathbb{C}_p^\times$ 和 $\mathcal{G}(\mathfrak{f}) = \mathrm{Gal}(K(\mathfrak{f}\mathfrak{p}^\infty)/K)$ 上的唯一 p 进整测度 $\mu(\mathfrak{f})$, 使得对任意导子整除 $\mathfrak{f}\mathfrak{p}^\infty$ 的 $(k,0)$ 型 Hecke 特征 ε, $k \geqslant 1$, 有

$$\Omega_p^{-k} \int_{\mathcal{G}(\mathfrak{f})} \varepsilon(\sigma) d\mu(\mathfrak{f};\sigma) = \Omega^{-k} \cdot G(\varepsilon) \left(1 - \frac{\varepsilon(\mathfrak{p})}{p}\right) \cdot L_{\infty,\mathfrak{f}}(\varepsilon^{-1},0). \tag{2.90}$$

(ii) 如果 $\mathfrak{f} \mid \mathfrak{g}$ 且 $\overline{\mu}(\mathfrak{g})$ 是 $\mu(\mathfrak{g})$ 在 $\mathcal{G}(\mathfrak{f})$ 导出的测度, 则有

$$\overline{\mu}(\mathfrak{g}) = \prod(1 - \sigma_{\mathfrak{l}}^{-1}) \cdot \mu(\mathfrak{f}), \tag{2.91}$$

其中乘积遍历所有整除 $\mathfrak{g}$ 但不整除 $\mathfrak{f}$ 的 $\mathfrak{l}$.

(iii) 如果 $\mathfrak{f} = (1)$, 则上述同样的结论成立, 只不过 $\mu(1)$ 是伪测度, 但对任意 $\sigma \in \mathcal{G}(1) = \mathrm{Gal}(K(\mathfrak{p}^\infty)/K)$, $(1-\sigma)\mu(1)$ 是 p 进整测度.

注记 2.4.12 (i) 如果 $\mathfrak{f}$ 被替换成 $\mathfrak{f}\mathfrak{g}^\infty$, 其中 $\mathfrak{f},\mathfrak{g}$ 与 $\mathfrak{p}$ 互素, 鉴于 (ii), 定理依然有效. 一个重要的情形发生在 $\overline{\mathfrak{p}} \mid \mathfrak{g}$ 时, 因为此时任意 (k,j) 无穷型 Hecke 特征是可积的, 且当 (k,j) 临界的时候, 类似于 (2.90) 的公式成立. 见定理 2.4.15.

(ii) (2.90) 中应用的 Hecke 特征恰可被解释为 $\mathcal{G}(\mathfrak{f})$ 上的 p 进特征, 并且也是临界的.

(iii) $L_{\infty,\mathfrak{f}}$ 指复 L 函数, 带有 ∞ 处的 Euler 因子 (2.2), 不含有整除 $\mathfrak{f}$ 的素理想的 Euler 因子.

(iv) 正如注记 2.4.10, $\mu(\mathfrak{f})$ 和 $\langle \Omega, \Omega_p \rangle \in (\mathbb{C}^\times \times \mathbb{C}_p^\times)/\overline{\mathbb{Q}}^\times$ 都由 (2.90) 唯一决定. 鉴于 (i), 周期对类 $\langle \Omega, \Omega_p \rangle$ 甚至不依赖 $\mathfrak{f}$, 尽管单独的周期依赖 $\mathfrak{f}$ 和 E 的 Weierstrass 模型的选取.

(v) 平凡特征 (可能) 的极点——这是第 (iii) 部分的意义——是 p 进 L 函数的共有特征. 对比 [32] 29 页上的 Kubota-Leopoldt L 函数. 我们将在推论 2.5.3 证明 $\mu(1)$ 在平凡特征处有一个极点.

证明 我们首先注明一点: (ii) 可由 (2.90) 得出, 也蕴含 (iii). 简单起见选取任意素理想 $\mathfrak{l}$, 令 $\mu(1) = \overline{\mu}(\mathfrak{l})/(1 - \sigma_{\mathfrak{l}}^{-1})$. 我们也可假设 $w_{\mathfrak{f}} = 1$, 因为如果 $\mathfrak{f}$ 不满足, 它的某个幂必会满足, 且可以令 $\mu(\mathfrak{f})$ 是由 $\mu(\mathfrak{f}^m)$ 导出的测度.

所以取定 $\mathfrak{f}$, 同 ◇ 2.4.10 段那样, 并令 $\delta_{\mathfrak{a}} = \sigma_{\mathfrak{a}} - \mathbf{N}\mathfrak{a}$ 是相伴于 $\mathfrak{a}$ 的 "扭曲测度".

由 (2.88) 知,

$$\mu_{\mathfrak{a}} \cdot \delta_{\mathfrak{b}} = \mu_{\mathfrak{b}} \cdot \delta_{\mathfrak{a}}, \qquad (\mathfrak{ab}, \mathfrak{fp}) = 1, \qquad (2.92)$$

因为它们两个关于任意容许的 ε 积分是相等的, 并存在足够多容许的 ε 将测度分开 (Hecke 特征 $\varphi\chi$ 带有固定的 φ, 并且 χ 可取遍所有有限阶特征, 这就完成了). 粗略地说, 我们将证明所有 $\delta_{\mathfrak{a}}$ 的最大公因子是 1, 因此伪测度 $\mu_{\mathfrak{a}}/\delta_{\mathfrak{a}}$ 实际上也是测度, 并且它们都相等.

令 K_∞ 是含在 $K(\mathfrak{fp}^\infty)$ 里的 K 的最大 $\mathbb{Z}_p$ 扩张, $G' = \mathrm{Gal}(K(\mathfrak{fp}^\infty)/K_\infty)$ 是有限群, $|G'| = m$. 令 $\Gamma = \mathrm{Gal}(K_\infty/K)$, 并固定一个同构 $\mathcal{G} \cong \Gamma \times G'$. 令 D 是 $K_\mathfrak{p}$ 的极大非分歧扩张的完备化的整数环添加 m 次单位根生成的环. 那么有 $\mu_{\mathfrak{a}} \in D[[\mathcal{G}]] = D[[\Gamma]][G']$ 及 $\mathbb{Q} \otimes D[[\mathcal{G}]] \cong \mathbb{Q} \otimes D[[\Gamma]]^m$. 最后一个同构通过 $\lambda \mapsto (\cdots, \theta(\lambda), \cdots)$ 扩张成同态 $D[[\mathcal{G}]] \to D[[\Gamma]]$, 其中 θ 跑遍 G' 的特征. 众所周知 $D[[\Gamma]] \cong D[[X]]$, 这是唯一因子分解整环, 因为 D 是离散赋值环.

现在对任意 θ, 因 $\sigma_{\mathfrak{a}}|_{\Gamma'} \neq 1$, 故 $\theta(\delta_{\mathfrak{a}}) = \theta(\sigma_{\mathfrak{a}}|_{G'}) \cdot (\sigma_{\mathfrak{a}}|_{\Gamma'}) - \mathbf{N}\mathfrak{a}$ 非零. 因而 $\delta_{\mathfrak{a}}$ 在 $D[[\mathcal{G}]]$ 中是非零因子. 进而, 对固定的 θ, $\theta(\delta_{\mathfrak{a}})$ 的最大公因子是 1. 为看出这一点, 首先观察到 D 的单值化参数 (uniformizer) π 不整除 $\theta(\delta_{\mathfrak{a}})$. 其次, 如果 $\zeta_n \in K(\mathfrak{fp}^\infty)$ 但 $\zeta_{n+1} \notin K(\mathfrak{fp}^\infty)$, 那么对任意固定 ζ_n 不动的 $\tau \times \sigma \in \Gamma \times G' = \mathcal{G}$ 和任意 $u \in 1 + p^n\mathbb{Z}_p$, 我们可以找到一列 $\mathfrak{a}$ 使得 $\theta(\delta_{\mathfrak{a}})$ 收敛于 $\theta(\sigma)\tau - u$. 因此, 所有 $\theta(\delta_{\mathfrak{a}})$ 的公因子一定整除 (在 $D[[X]]$ 中) $\theta(\sigma)(1 + X)^a - u$, 对任意的 $u \in 1 + p^n\mathbb{Z}_p$, $a \in p^n\mathbb{Z}_p$ 及对某个 n 成立. 这是不可能的, 故我们的断言得证.

将 θ 应用到 (2.92), 我们推出存在 $\mu_\theta \in D[[\Gamma']]$ 使得对任意 $\mathfrak{a}$ 有 $\theta(\delta_{\mathfrak{a}}) \cdot \mu_\theta = \theta(\mu_{\mathfrak{a}})$. 令 $e_\theta = m^{-1} \cdot \sum_{\sigma \in G'} \theta(\sigma)\sigma^{-1}$ 是对应于 θ 的幂等元, 则 $\mu = \sum \mu_\theta e_\theta$ 是 p 进测度, 以及对任意 $\mathfrak{a}$ 有 $\delta_{\mathfrak{a}} \cdot \mu = \mu_{\mathfrak{a}}$ 且 $m \cdot \mu$ 是整的.

即使 m 被 p 整除, 我们也能由此推出 μ 是整的, 说明如下. 如若不然, 则令 D° 是 D 的极大理想. 用 $\equiv$ 记模 $D^\circ[[\mathcal{G}]]$ 的同余关系. 我们可以找到 μ 的纯量倍数 ν, $\nu \in D[[\mathcal{G}]]$, $\nu \not\equiv 0$, 但对所有的 $\mathfrak{a}$ 成立 $\delta_{\mathfrak{a}} \cdot \nu \equiv 0$. 令 $\nu = \sum_{\sigma \in G'} \nu_\sigma \sigma$, $\nu_\sigma \in D[[\Gamma']]$, 在不失一般性下假设 $\nu_1 \not\equiv 0$, 则

$$\delta_{\mathfrak{a}} \cdot \nu = \sum_{\sigma \in G'} (\nu_{\rho\sigma}\sigma_{\mathfrak{a}}|_{\Gamma'} - \mathbf{N}\mathfrak{a}\nu_\sigma)\sigma, \qquad \rho = (\sigma_{\mathfrak{a}}|_{G'})^{-1}.$$

因而, 对所有的 $\sigma \in G'$ 有 $\nu_{\rho\sigma} \equiv \nu_\sigma \mathbf{N}\mathfrak{a}(\sigma_{\mathfrak{a}}|_{\Gamma'})^{-1}$. 若 $\rho^d = 1$, 则 $\nu_1(1 - (\mathbf{N}\mathfrak{a}(\sigma_{\mathfrak{a}}|_{\Gamma'})^{-1})^d) \equiv 0$. 因为 $\nu_1 \not\equiv 0$, 所以在 $D[[\Gamma']]$ 里有 $\mathbf{N}\mathfrak{a}^d = (\sigma_{\mathfrak{a}}|_{\Gamma'})^d$, 矛盾.

我们推出 $\mu_{\mathfrak{a}}/\delta_{\mathfrak{a}} = \mu$ 是独立于 $\mathfrak{a}$ 的整测度. 我们断言 $\mu(\mathfrak{f}) = \mu/12$ 也是整的. 当 $(p, 6) = 1$ 时, 这没什么要证的. 否则我们就诉诸 Robert 和 Gillard 的结果 (命题 2.2.9). 容易由他们的结果导出, 如果 $(\mathfrak{a}, 6\mathfrak{fp}) = 1$, 那么 $\beta(\mathfrak{a})$ 在 $\mathcal{U}$ 中是 12 次幂元, 因此 $\mu_{\mathfrak{a}}$ 被 12 整除. 将 $\mu_{\mathfrak{a}}$ 替换为 $\mu_{\mathfrak{a}}/12$, 重复以上讨论, 断言得证. 将 (2.88)

与 (2.90) 比较, 得出证明. □

2.4.11 如上所述, 特别有趣的一个情形是当 $\mathfrak{f}$ 替换为 $\mathfrak{f}\overline{\mathfrak{p}}^\infty$. 此时 $\mathcal{G} = \mathrm{Gal}(K(\mathfrak{f}p^\infty)/K)$ 包含 K 的唯一 $\mathbb{Z}_p^2$ 扩张, 且任意导子整除 $\mathfrak{f}p^\infty$ 的 A_0 型 Hecke 特征可看作 $\mathcal{G}$ 上的 p 进特征. 此 Hecke 特征关于定理 2.4.11 中 $\mathcal{G}$ 上的测度是可积的, 且定理 2.4.15 将给出插值性质以扩展 (2.90). 然而, 有一点是不同的. 如下面 (2.97) 所示, 它的有效性对 (ζ_n) 的选择不再敏感. 如果 $\gamma \in \mathrm{Gal}(K(\mathfrak{f}p^\infty)/K(\mathfrak{f}\overline{\mathfrak{p}}^\infty))$ 及 $\tilde{\zeta}_n = \zeta_n^\gamma$, 则新的 μ, Ω_p 和 $G(\varepsilon)$, 其中 $\varepsilon = \chi\varphi^k\overline\varphi^j$ 满足 $(\mathfrak{f}_\varphi, \mathfrak{p}) = 1$, 如下给出:

$$\tilde{\mu}(U) = \mu(\gamma U), \qquad \tilde\Omega_p = \mathbf{N}\gamma^{-1} \cdot \Omega_p, \qquad \tilde{G}(\varepsilon) = \chi(\gamma)^{-1} \cdot G(\varepsilon). \tag{2.93}$$

注: $\overline\varphi(\gamma) = 1$, 因为 γ 固定 $E[\overline{\mathfrak{p}}^\infty]$ 每点不动, 因此 $\varphi(\gamma) = \mathbf{N}\gamma$. 只有当 $j = 0$ 时, 公式 (2.97) 对这一变化不敏感. 因此, 我们从规定 (ζ_n) 以使定理成立的地方开始. 然而, 有些解释可能是需要的.

实际上存在两个相伴于 φ 的 p 进周期, Ω_p' 和 Ω_p'', 其本质上位于 $\mathbb{C}_p(1)$ 和 $\mathbb{C}_p$ 且满足 $\Omega_p' \cdot \Omega_p'' = 1 \otimes 2\pi i$. 它们都是 $\mathbb{Q}_p$ 的极大非分歧扩张的完备化里的单位 (带有右 Tate 扭曲), 且 Galois 群在它们上面作用如下:

$$\sigma_{\mathfrak{c}}(\Omega_p') = \Lambda(\mathfrak{c})\Omega_p', \tag{2.94}$$

$$\sigma_{\mathfrak{c}}(\Omega_p'') = \mathbf{N}\mathfrak{c}\Lambda(\mathfrak{c})^{-1}\Omega_p''. \tag{2.95}$$

这里通过选取 (ζ_n) 的一个合适的定向, 我们将 $\mathbb{C}_p(1)$ 等同于 $\mathbb{C}_p$, 使得 $1 \otimes 2\pi i$ 对应到 1, $\Omega_p' = \Omega_p \otimes 2\pi i$, 且 $\Omega_p'' = \Omega_p^{-1}$. $\int \varphi^k\overline\varphi^j d\mu$ 的超越部分本质上由 $\Omega_p'^k\Omega_p''^j$ 给出, 将变成 Ω_p^{k-j}, 这会在下面的 (2.97) 中解释. 对到 CM 域的推广, 以及与 Abel 簇的 Hodge 理论的关联, 参见 [63].

约定 2.4.13 从现在开始, 令 ζ_n 是关于格 $p^n\mathcal{O}_K\Omega$ 的 Weil 对 (见 [43] 第 18 章, [49] §20) 确定的本原 p^n 次单位根

$$\zeta_n = e_{p^n}(w_n, u_n), \tag{2.96}$$

其中 w_n 和 u_n 是该格上唯一使得 $w_n - u_n \equiv \Omega \mod p^n\mathcal{O}_K\Omega$ 成立的 $\overline{\mathfrak{p}}^n$ 和 $\mathfrak{p}^n$ 分点.

下列事实容易建立:
(i) $\zeta_n^p = \zeta_{n-1}$.
(ii) 如果 $\mathfrak{f} = \overline{\mathfrak{p}}^m$, $0 \leqslant n \leqslant m$, 并且如果 w_n 和 u_n 如同 ◇ 2.4.4 段里定义的, 那么关于格 $\mathfrak{p}^n\mathfrak{f}\Omega$ 有 $\zeta_n = e_{p^m}(w_n, u_n)$. 对于 $n = m$, 这自然和约定是一致的.

注记 2.4.14 ζ_n 可由闭形式给出. 见引理 2.6.1.

定理 2.4.15 令 $\mathfrak{g}$ 是 K 的整理想, p 是分裂的素数且 $(p,\mathfrak{g})=1$. 令 μ 是 $\mathcal{G} = \mathrm{Gal}(K(\mathfrak{g}p^\infty)/K)$ 上的测度 $\mu(\mathfrak{g}\overline{\mathfrak{p}}^\infty)$ (见注记 2.4.12(i)), 并同上固定 $\langle \Omega, \Omega_p \rangle \in (\mathbb{C}^\times \times \mathbb{C}_p^\times)/\overline{\mathbb{Q}}^\times$. 那么, 对任意导子整除 $\mathfrak{g}p^\infty$ 的 (k,j) 型 Hecke 特征 ε, $0 \leqslant -j < k$, 下列公式成立:

$$\Omega_p^{j-k} \int_{\mathcal{G}} \varepsilon(\sigma) d\mu(\sigma) = \Omega^{j-k} \left(\frac{\sqrt{d_K}}{2\pi} \right)^j \cdot G(\varepsilon) \left(1 - \frac{\varepsilon(\mathfrak{p})}{p} \right) \cdot L_{\infty,\mathfrak{g}\overline{\mathfrak{p}}}(\varepsilon^{-1}, 0), \quad (2.97)$$

公式两边都在 $\overline{\mathbb{Q}}$ 中. 这里为定义 $G(\varepsilon)$, 写成 $\varepsilon = \varphi^k \overline{\varphi}^j \chi$, 其中 Hecke 特征 φ 的导子与 $\mathfrak{p}$ 互素且是 $(1,0)$ 型的, χ 是有限阶特征, 并令 (见 (2.89))

$$G(\varepsilon) = \frac{\varphi^k \overline{\varphi}^j (\mathfrak{p}^n)}{p^n} \cdot \sum_{\gamma \in S} \chi(\gamma) \cdot (\zeta_n^\gamma)^{-1}. \quad (2.98)$$

证明 类似于定理 2.4.9, 除了计算更加复杂. 我们概述主要步骤, 并为读者省略了一些常规验证.

第一步. 固定一个辅助理想 $\mathfrak{a}$, $(\mathfrak{a}, \mathfrak{g}p) = 1$. 沿用 $\diamond$ 2.4.10 段的符号, 并取 $\mathfrak{f} = \mathfrak{g}\overline{\mathfrak{p}}^m$, $m \geqslant 1$, $\mu_\mathfrak{a} = 12(\sigma_\mathfrak{a} - \mathbf{N}\mathfrak{a})\mu(\mathfrak{f})$. 因为测度 $\mu(\mathfrak{f})$ 对不同的 m 是相容的 (定理 2.4.11(ii)), $\mu_\mathfrak{a}$ 亦然, 且它们的逆极限是 $\mathcal{G}$ 上的测度 $\mu_\mathfrak{a}$. 此 $\mu_\mathfrak{a}$ 相伴于单位的双逆向系统 $\Theta(1, \mathfrak{g}\overline{\mathfrak{p}}^m \mathfrak{p}^n; \mathfrak{a}) = e_{n,m}(\mathfrak{a})$ $(n, m \geqslant 1)$.

现在取定一个大的 $m \geqslant 1$, 令 $\mathfrak{f} = \mathfrak{g}\overline{\mathfrak{p}}^m$, 并指定 F, E, L, Ω, Ω_p, φ, χ 和 Λ 同之前的含义, 例如 $L = \mathfrak{f}\Omega$ 等. 令 $F_n = K(\mathfrak{f}\mathfrak{p}^n)$ 及 $G_n = \mathrm{Gal}(F_\infty/F_n)$. 令 $\mathfrak{c}$ 跑过 K 的那些其 Artin 符号代表了 $\mathrm{Gal}(F_n/K)$ 的整理想. 记 $\equiv$ 表示在 $\mathbb{C}_p$ 中的同余关系 (不必是整数之间). 现在, 设 $n \geqslant 0$ 是 $\mathfrak{p}$ 在 $\mathfrak{f}_\chi$ 中的幂, 则有

$$\begin{aligned}
&\Omega_p^{j-k} \cdot \int_{\mathcal{G}} \chi \varphi^k \overline{\varphi}^j(\sigma) \cdot d\mu_\mathfrak{a}(\sigma) \\
&\equiv \Omega_p^{j-k} \cdot \sum_\mathfrak{c} \chi \varphi^k \overline{\varphi}^j(\mathfrak{c}^{-1}) \cdot \int_{G_n} \varphi^k(\sigma) \cdot d\mu^0_{\sigma_\mathfrak{c}(\beta(\mathfrak{a}))}(\sigma) \mod p^m \qquad (2.99) \\
&\equiv \Omega_p^{j-k} \cdot \tau(\chi) \cdot \left(1 - \frac{\chi \varphi^k \overline{\varphi}^j(\mathfrak{p})}{p} \right) \cdot \sum_\mathfrak{c} \chi \varphi^k \overline{\varphi}^j(\mathfrak{c}^{-1}) \cdot \delta_{k,n}(\sigma_\mathfrak{c}(\beta(\mathfrak{a})))^0 \mod p^m,
\end{aligned}$$

如同引理 2.4.5, 引理 2.4.6. 如果我们写成 $\sigma_\mathfrak{c}(\beta(\mathfrak{a})) = \beta(\mathfrak{a}\mathfrak{c}) \cdot \beta(\mathfrak{a})^{-\mathbf{N}\mathfrak{a}}$, 那么我们立即由 (2.85) 推出 (2.99) 模 p^m 同余于

$$12 \cdot \Omega_p^j \cdot \tau(\chi) \cdot \left(1 - \frac{\chi \varphi^k \overline{\varphi}^j(\mathfrak{p})}{p} \right) \cdot \sum_\mathfrak{c} \chi \varphi^k \overline{\varphi}^j(\mathfrak{c}^{-1})$$

$$\cdot\{\mathbf{N}\mathfrak{a}\cdot E_k(\Omega-v_n;L,\mathfrak{c})-E_k(\Omega-v_n;L,\mathfrak{a}\mathfrak{c})\}.$$

令 $\mathfrak{q}$ 如同引理 2.4.8 中的. 正如彼引理的第一步, 我们推出 (2.99) 模 p^m 同余于

$$12\cdot\Omega_p^j\cdot\tau(\chi)\cdot\left(1-\frac{\chi\varphi^k\overline{\varphi}^j(\mathfrak{p})}{p}\right)\cdot\Lambda(\mathfrak{p}^n\mathfrak{q}^{-1})^k\cdot\sum_{\mathfrak{c}}\chi\varphi^k\overline{\varphi}^j(\mathfrak{c}^{-1})$$

$$\cdot\{\Lambda(\mathfrak{a}\mathfrak{c}\mathfrak{q})^k E_k(\Omega,\mathfrak{p}^n L)^{\sigma_{\mathfrak{a}\mathfrak{c}\mathfrak{q}}}-\mathbf{N}\mathfrak{a}\cdot\Lambda(\mathfrak{c}\mathfrak{q})^k E_k(\Omega,\mathfrak{p}^n L)^{\sigma_{\mathfrak{c}\mathfrak{q}}}\}. \tag{2.100}$$

<u>第二步</u>. 回顾一下, $\mu_{\mathfrak{a}}=12(\sigma_{\mathfrak{a}}-\mathbf{N}\mathfrak{a})\mu$ 及 $\varepsilon=\chi\varphi^k\overline{\varphi}^j$. 我们将证明对 $(\mathfrak{c},\mathfrak{fp})=1$,

$$\Omega_p^j\cdot\Lambda(\mathfrak{p}^n\mathfrak{q}^{-1}\mathfrak{c})^k\cdot E_k(\Omega,\mathfrak{p}^n L)^{\sigma_{\mathfrak{c}}}$$

$$\equiv(k-1)!\cdot\left(\frac{\sqrt{d_K}}{2\pi}\right)^j\Omega^{j-k}\cdot\varphi^k(\mathfrak{p}^n\mathfrak{q}^{-1})\cdot\varphi^k\overline{\varphi}^j(\mathfrak{c}) \tag{2.101}$$

$$\cdot L\left(\overline{\varphi}^{k-j},k;\left(\frac{F_n/K}{\mathfrak{c}}\right)\right)\quad \mod 2^j p^{m-m_0}$$

对某个独立于 m 的 m_0 成立. 简单的代数运算说明 (2.100) 和 (2.101) 一起意味着 (2.97) 两端模 p^{m-m_0} 同余. m_0 依赖 $\mathfrak{g}$ 和 ε, 但不依赖 m. 因为 m 可以任意大, 故 (2.97) 两端事实上相等.

　　(2.101) 的关键是同余关系

$$\Omega_p^{-1}\equiv-\mathbf{N}(\mathfrak{fp}^n)E_1(\Omega,\mathfrak{p}^n\mathfrak{f}\Omega)\quad \mod p^{m-m_0} \tag{2.102}$$

(m_0 独立于 m), 将在 ◇ 2.4.12 段处理. 假设 (2.102) 是对的, 考虑基本关系 (2.59):

$$(k-1)!\cdot\left(\frac{\sqrt{d_K}}{2\pi}\right)^j\Omega^{j-k}\cdot\varphi(\mathfrak{c})^{k-j}\cdot L\left(\overline{\varphi}^{k-j},k;\left(\frac{F_n/K}{\mathfrak{c}}\right)\right)$$

$$=\mathbf{N}(\mathfrak{fp}^n)^{-j}\Lambda(\mathfrak{c})^{k-j}\cdot E_{j,k}(\Omega,\mathfrak{p}^n L)^{\sigma_{\mathfrak{c}}}, \tag{2.103}$$

(2.87) 是其特例. 我们想要将 $E_{j,k}$ 替换成只含 E_k 的表达项, 可能弱化等式 (2.102) 并用一个同余关系替换它. 根据 (2.58), 这是可以做到的, 但是是在 $E_{j,k}(\Lambda(\mathfrak{p}^{-n})\Omega,\Lambda(\mathfrak{p}^{-n})\mathfrak{p}^n L)$ 之下, 因为格 $\Lambda(\mathfrak{p}^{-n})\mathfrak{p}^n L$ (不像 $\mathfrak{p}^n L$) 是带有好约化的 Weierstrass 模型的周期格. 事实上, $\Lambda(\mathfrak{p}^{-n})\mathfrak{p}^n L$ 是 $E^{\phi^{-n}}$ 的周期格, 其中 E 指一开始选定的特殊模型, 在 $F=K(\mathfrak{f})$ 的每个位于 $\mathfrak{p}$ 之上的素位有好约化. 因此, (2.103) 的右边可表示为

$$\mathbf{N}(\mathfrak{fp}^n)^{-j}\Lambda(\mathfrak{c}\mathfrak{p}^{-n})^{k-j}\cdot E_{j,k}(\Lambda(\mathfrak{p}^{-n})\Omega,\Lambda(\mathfrak{p}^{-n})\mathfrak{p}^n L)^{\sigma_{\mathfrak{c}}},$$

并且我们利用 (2.58) 推出 (2.103) 模 $2^j p^{m-nk}$ 同余于

$$\Lambda(\mathfrak{c})^{k-j}(-\mathbf{N}(\mathfrak{f}\mathfrak{p}^n)E_1(\Omega,\mathfrak{p}^nL)^{\sigma_{\mathfrak{c}}})^{-j}E_k(\Omega,\mathfrak{p}^nL)^{\sigma_{\mathfrak{c}}}$$

$$\equiv \sigma_{\mathfrak{c}}\Omega_p^j\cdot\Lambda(\mathfrak{c})^{k-j}\cdot E_k(\Omega,\mathfrak{p}^nL)^{\sigma_{\mathfrak{c}}}\quad \mathrm{mod}\ 2^jp^{m-m_0-nk}\qquad (\text{由 } (2.102))$$

$$\equiv \Omega_p^j\mathbf{N}\mathfrak{c}^{-j}\Lambda(\mathfrak{c})^k\cdot E_k(\Omega,\mathfrak{p}^nL)^{\sigma_{\mathfrak{c}}}\quad \mathrm{mod}\ 2^jp^{m-m_0-nk}\qquad (\text{由 } (2.69)).$$

为导出 (2.101), 将 (2.103) 的左端和最后一行乘以 $\mathbf{N}\mathfrak{c}^j\Lambda(\mathfrak{p}^n\mathfrak{q}^{-1})^k$, 并想到 $\Lambda(\mathfrak{p}^n\mathfrak{q}^{-1})=\varphi(\mathfrak{p}^n\mathfrak{q}^{-1})$, 因为 $\mathfrak{p}^n\mathfrak{q}^{-1}$ 是模 $\mathfrak{f}$ 同余于 1 的主理想. $\qquad\square$

注记 2.4.16　可能 $m_0=0$ 也满足 (2.101) 和 (2.102). 参见注记 2.3.5. 另一方面, 2 的额外次幂 (当 $p=2$ 时) 看起来是必要的. 无论如何, 最终结果都不会受此影响, 因为我们关心的是 m 趋于无穷时的极限.

2.4.12　第三步. 同余关系 (2.102) 的证明: 证明背后的想法是简单的. 指定同构 $\theta:\hat{\mathbb{G}}_m\simeq\hat{E}$ 等价于给出对应的 p 可除群之间的一个同构, 且模 p^m 后, $\theta'(0)$ 由该同构到群概型 $\mu_{p^m}\simeq E[p^m]$ 的限制决定. 然而, 由 Weil 配对, 这与给出 E 上本原 $\overline{\mathfrak{p}}^m$ 分点是一样的. 因此, 我们需要去计算一个以 E 的参数 t 为项的 Weil 配对公式.

首先, 由引理 2.3.4(iii), 为了引入 m_0, 我们可假设 $\mathfrak{g}=(1)$ 并在 $\mathfrak{f}=\overline{\mathfrak{p}}^m$ 下证明 (2.102). 令 u_n 和 w_n 同 ◇ 2.4.4 段的, 分别是使得 $w_n-u_n\equiv\Omega\ \mathrm{mod}\ \mathfrak{p}^n\mathfrak{f}\Omega$ 成立的 $\mathfrak{p}^n\mathfrak{f}\Omega$ 的唯一的 $\mathfrak{p}^n$ 分点和 $\mathfrak{f}$ 分点. 令 $P_n=\xi(\Lambda(\mathfrak{p}^{-n})u_n,\Lambda(\mathfrak{p}^{-n})\mathfrak{p}^n\mathfrak{f}\Omega)$, $Q_n=\xi(\Lambda(\mathfrak{p}^{-n})w_n,\Lambda(\mathfrak{p}^{-n})\mathfrak{p}^n\mathfrak{f}\Omega)$ 是 $\phi^{-n}E$ 的对应点. 我们仅考虑那些位于 0 和 m 之间的 n. 正如约定 2.4.13 之后提到的, $\zeta_n=e_{p^m}(Q_n,P_n)$. 为简洁起见, 令 $L_n=\Lambda(\mathfrak{p}^{-n})\mathfrak{p}^n\mathfrak{f}\Omega$ 并将 $\sigma(z,L_n)$ 相应地写成 $\sigma(z)$. 令 $\tau_n=\Lambda(\mathfrak{p}^{-n})u_n$, $\nu_n=\Lambda(\mathfrak{p}^{-n})w_n$, 并选取 L_n 的 ℓ 阶本原辅助挠点 λ_n, $(\ell,\mathfrak{f}p)=1$, 使得 $\xi(\lambda_n,L_n)=\phi^{-n}\xi(\lambda_0,L)$, $0\leqslant n\leqslant m$.

如果 f 和 g 是 L_n 椭圆函数使得

$$\mathrm{div}(f)=p^m((\nu_n+\lambda_n)-(\lambda_n)),\quad \mathrm{div}(g)=p^m((\tau_n)-(0)),$$

那么 Q_n 和 P_n 的 Weil 配对由下列公式计算:

$$e_{p^m}(Q_n,P_n)=\frac{f((\tau_n)-(0))}{g((\nu_n+\lambda_n)-(\lambda_n))}.\qquad(2.104)$$

令 h_n 是 L_n 椭圆函数

$$h_n(z)=\frac{\sigma(z-\lambda_n)\cdot\sigma(\lambda_n+\nu_n-p^mz)\cdot\sigma(\lambda_n+p^m\nu_n)}{\sigma(p^mz-\lambda_n)\cdot\sigma(\lambda_n+\nu_n)\cdot\sigma(\lambda_n+p^m\nu_n-z)}.\qquad(2.105)$$

将 f 和 g 表示成 σ 函数的组合, 我们发现

$$e_{p^m}(Q_n, P_n) = h_n(\tau_n). \tag{2.106}$$

现在让我们将 h_n 展成关于 $\phi^{-n}E$ 上的参数 t 的项. 因为 $dz/dt(0) = 1$, 故可得

$$h_n = 1 + \{(p^m - 1)\zeta(\lambda_n) - p^m\zeta(\lambda_n + \nu_n) + \zeta(\lambda_n + p^m\nu_n)\}t + \cdots, \tag{2.107}$$

其中 $\zeta = \sigma'/\sigma$ 是 Weierstrass ζ 函数. 然而, 因为 $p^m\nu_n \in L_n$, $\zeta(\lambda_n + p^m\nu_n) = \zeta(\lambda_n) + p^m\eta(\nu_n)$, 所以 t 的系数变成

$$p^m(\zeta(\lambda) - \eta(\lambda)) - p^m(\zeta(\lambda + \nu) - \eta(\lambda + \nu))$$
$$= p^m(E_1(\lambda_n, L_n) - E_1(\lambda_n + \nu_n, L_n))$$
$$= p^m \cdot \phi^{-n}(E_1(\lambda_0, L) - E_1(\lambda_0 + \nu_0, L))$$
$$\equiv -p^m \cdot \phi^{-n}E_1(\nu_0, L) \mod p^{m-m_0}$$
$$\equiv \phi^{-n}(-\mathbf{Nf} \cdot E_1(\Omega, \mathfrak{f}\Omega)) \mod p^{m-m_0},$$

其中 m_0 不依赖 m. 这个同余是引理 2.3.4(ii) 的结论, 在适当的 λ_n 下我们可以取到 $m_0 = 0$, 但这与我们的目的无关.

显然 h_n 在 $F(E[\ell])$ 上是有理的. 我们断言 (2.107) 的 t 展开式有 $\mathfrak{p}$ 整系数. 为证明此断言, 令

$$k_n(z) = \prod_{0 \neq \gamma \in (p^{-m}L_n/L_n)/\pm 1} \left(\frac{\wp\left(\frac{\lambda+\nu}{p^m} - z\right) - \wp(\gamma)}{\wp\left(\frac{\lambda}{p^m} - z\right) - \wp(\gamma)} \right)$$
$$\cdot \prod_{0 \leqslant i < p^{2m}} \left(\frac{\wp\left(\frac{2\lambda+(i+1)\nu}{2p^m} - z\right) - \wp\left(\frac{(i-1)\nu}{2p^m}\right)}{\wp\left(\frac{2\lambda+(i+1)\nu}{2p^m} - z\right) - \wp\left(\frac{(i+1)\nu}{2p^m}\right)} \right). \tag{2.108}$$

这里 $\wp(z) = \wp(z, L_n)$, $\nu = \nu_n$, $\lambda = \lambda_n$, 并且第一个乘积取自 L_n 的模 ± 1 之后是非零 p^m 分点的完全代表集. 当 $p = 2$ 时, 这需要修改一下, 如下所示. 如果 γ_1, γ_2, γ_3 是三个非零 2 分点, 我们应该仅取 $\wp'(\cdot)/2 = \left\{\prod_{i=1}^3(\wp(\cdot) - \wp(\gamma_i))\right\}^{1/2}$ 来贡献第一个乘积. 现在很容易看到 h_n 和 k_n 有相同的因子. 进而, 与命题 2.4.7 或命题 2.2.4 (iii) (那里的 "第二个证明") 同样的证明, 说明 $k_n(z)$ 在 0 处的 t 展开式有 $\mathfrak{p}$ 整系数. 它同时也说明 $k_n(0)$ 是 $\mathfrak{p}$ 进单位. 因此 $h_n(z) = k_n(0)^{-1}k_n(z)$ 有 $\mathfrak{p}$ 整系数 t 展开式, 我们的断言成立.

λ_n 和 ν_n 的选择使得幂级数

$$h = \phi^n h_n$$

不依赖 n. 它有 $\mathfrak{p}$ 整系数, 满足

$$\begin{cases} h \equiv 1 + (-\mathbf{N}\mathfrak{f} \cdot E_1(\Omega, \mathfrak{f}\Omega))t + \cdots \mod p^{m-m_0}, \\ \zeta_n = (\phi^{-n}h)(\omega_n), \qquad 0 \leqslant n \leqslant m. \end{cases} \tag{2.109}$$

最后一个等式是 (2.106) 的结果并且 (ζ_n) 的特殊选取已在约定 2.4.13 概述. 对足够大的 m, (2.109) 已经保证 $-\mathbf{N}\mathfrak{f} \cdot E_1(\Omega, \mathfrak{f}\Omega)$ 是 $\mathfrak{p}$ 进单位, 并且幂级数 $h-1$ 关于合成运算存在逆, 记成 $\tilde{\theta}$. 回顾 (2.70), θ 是唯一使得 $\omega_n = (\phi^{-n}\theta)(\zeta_n - 1)$ 成立的同构 $\hat{\mathbb{G}}_m \simeq E$. 因此, θ 和 $\tilde{\theta}$ 是两个系数在 $\mathbb{Q}_p$ 的非分歧扩张里的幂级数, 使得下式成立:

$$(\phi^{-n}\theta)(\zeta_n - 1) = (\phi^{-n}\tilde{\theta})(\zeta_n - 1), \qquad 0 \leqslant n \leqslant m.$$

这表明 $[(1+X)^{p^n} - 1]/[(1+X)^{p^{n-1}} - 1]$ 整除 $\phi^{-n}(\theta - \tilde{\theta})$, 因此对于 $1 \leqslant n \leqslant m$, 它也整除 $\theta - \tilde{\theta}$, 故 $\theta'(0) \equiv \tilde{\theta}'(0) \mod p^m$. 因为 $\theta'(0) = \Omega_p$, 我们最终得到 (2.102). 定理 2.4.15 的证明就完成了.

注记 2.4.17　第三步肯定地解决了 [86] 中一个悬而未决的问题, 也说明怎样选取 (ζ_n) 使得 [88] 中的周期 $\Omega_{\mathfrak{p}}$ 和 [86] 中的周期 γ_p 相等.

2.4.13　p 进 L 函数: 为了方便以及与文献中结果的比较, 我们将主要定理翻译成幂级数语言.

和往常一样, 取定虚二次域 K 和 $\overline{\mathbb{Q}}$ 到 $\mathbb{C}$ 与 $\mathbb{C}_p$ 里的嵌入, 假设 p 在 K 中分解为 $\mathfrak{p}\overline{\mathfrak{p}}$, 其中 $\mathfrak{p}$ 是从 $\mathbb{C}_p$ 导出的素位. 在这个讨论中如同 $\diamond$ 2.4.11 段, 固定 μ_{p^∞} 的 Tate 模的生成元 (ζ_n), 并如同前面的章节固定周期对类 $\langle \Omega, \Omega_p \rangle \in (\mathbb{C}^\times \times \mathbb{C}_p^\times)/\overline{\mathbb{Q}}^\times$. 我们记 ε 是 K 的 A_0 型 Hecke 特征, 或更一般地, K 的 Abel 扩张的 Galois 群的 p 进特征.

定义 2.4.18　令 $\mathfrak{f}$ 是一个整理想 (或形如 $\mathfrak{ab}^\infty$ 的 "伪理想"), 与 $\mathfrak{p}$ 互素. K 的模 $\mathfrak{f}$ 的 p 进 L 函数是一个函数, 其定义域是 $\mathcal{G}(\mathfrak{f}) = \mathrm{Gal}(K(\mathfrak{fp}^\infty)/K)$ 上的所有 p 进连续特征的集合, 并将每个 ε (若 $\mathfrak{f} = (1)$, 则 $\varepsilon \neq 1$) 映成值

$$L_{p,\mathfrak{f}}(\varepsilon) = \int_{\mathcal{G}(\mathfrak{f})} \varepsilon^{-1}(\sigma) d\mu(\mathfrak{f}; \sigma). \tag{2.110}$$

这里 $\mu(\mathfrak{f})$ 是定理 2.4.11 里构建的整测度 (或参考注记 2.4.12(i)).

据此定义, 插值公式 (2.90) 和 (2.97) 表示如下. 令 ε 是一个 (k, j) 型的 Hecke 特征, $0 \leqslant j < -k$. 由 (2.98) 定义 $G(\varepsilon)$. 令 $\mathfrak{g}$ 与 p 互素, 且被 ε 的导子的非 p 部分除尽. 令 $\mathfrak{f} = \mathfrak{g}\overline{\mathfrak{p}}^\infty$, 以及 $L_{\infty,\mathfrak{f}}(\varepsilon, s)$ 是经典 L 函数, 带有合适的伽马因子 ($\diamond$ 2.4.1

段) 但没有整除 $\mathfrak{f}$ 的素理想处的 Euler 因子. 那么

$$\Omega_p^{k-j} L_{p,\mathfrak{f}}(\varepsilon) = \Omega^{k-j} \left(\frac{2\pi}{\sqrt{d_K}} \right)^j \cdot G(\varepsilon^{-1}) \left(1 - \frac{\varepsilon^{-1}(\mathfrak{p})}{p} \right) \cdot L_{\infty,\mathfrak{f}}(\varepsilon, 0). \qquad (2.111)$$

进而, 若 $j = 0$ 且 ε 在 $\bar{\mathfrak{p}}$ 处非分歧, 同样的公式将 $\mathfrak{f}$ 替换成 $\mathfrak{g}$ 也成立.

2.4.14 单变量和双变量 p 进 L 函数:
令 K_∞ 是 K 在 $\mathfrak{p}$ 之外非分歧的唯一 $\mathbb{Z}_p$ 扩张. 取定一同构 $\kappa_1 : \mathrm{Gal}(K_\infty/K) = 1 + p\mathbb{Z}_p$ (若 $p = 2$ 则是 $1 + 4\mathbb{Z}_2$). 例如, 如果 p 不整除 K 的类数, 则 $\mathfrak{p}$ 在 K_∞ 上全分歧, 并且一旦我们将 Galois 群等同于在 $\mathfrak{p}$ 处的惯性群, 则 κ_1 可取成局部 Artin 映射的逆. 令 F 是 K 的 Abel 扩张, 与 K_∞ 线性不交, 且 $F_\infty = FK_\infty$ (此符号与迄今为止所采用的符号有些不同). 固定一个同构 $\mathrm{Gal}(F_\infty/K) \simeq \mathrm{Gal}(F/K) \times \mathrm{Gal}(K_\infty/K)$. 如果 χ 是 $\mathrm{Gal}(F_\infty/K)$ 的有限阶特征, 那么我们可以定义

$$L_{p,\mathfrak{f}}(\chi, s) = L_{p,\mathfrak{f}}(\chi \kappa_1^{-s}) \qquad \forall s \in \mathbb{Z}_p \qquad (2.112)$$

($\mathfrak{f}$ 必须被 χ 的导子的非 $\mathfrak{p}$ 部分除尽). 令 γ_0 是 $\mathrm{Gal}(K_\infty/K)$ 的拓扑生成元, $\kappa_1(\gamma_0) = u$, 并且将 χ 分解为 $\chi = \chi_0 \chi_1$, 其中 χ_0 在 $\mathrm{Gal}(K_\infty/K)$ 是平凡的 ("第一类" 特征, 至多在 $\mathfrak{p}$ 处弱分歧), χ_1 在 $\mathrm{Gal}(F/K)$ 是平凡的 (一般在 $\mathfrak{p}$ 处强分歧). 那么 $L_{p,\mathfrak{f}}(\chi \kappa_1^{-s})$ 由像 (2.110) 的积分给出的事实可翻译成如下陈述. 存在一个幂级数 $G(\chi_0; T) \in \mathbb{D}[[T]]$ 使得

$$L_{p,\mathfrak{f}}(\chi, s) = G(\chi_0; \chi_1(\gamma_0)^{-1} u^s - 1). \qquad (2.113)$$

如果 $\mathfrak{f} = (1)$ 且 $\chi_0 = 1$, 则 $G(\chi_0; T) \in T^{-1} \mathbb{D}[[T]]$. 事实上, 我们可以假设 $F \subset K(\mathfrak{f})$, 使得 $F_\infty \subset K(\mathfrak{f}\mathfrak{p}^\infty)$ 且 $\mathrm{Gal}(F_\infty/K)$ 是 $\mathcal{G}(\mathfrak{f}) = \mathrm{Gal}(K(\mathfrak{f}\mathfrak{p}^\infty)/K)$ 的商. 固定一个同构 $\mathcal{G}(\mathfrak{f}) \simeq \mathrm{Gal}(K_\infty/K) \times \mathrm{Gal}(K(\mathfrak{f}\mathfrak{p}^\infty)/K_\infty) = \Gamma' \times H'$, 并令

$$G(\chi_0; T) = \sum_{\tau \in H'} \chi_0^{-1}(\tau) \int_{\mathbb{Z}_p} (1+T)^a \, d\mu(\mathfrak{f}; \tau \gamma_0^a). \qquad (2.114)$$

我们经常把 $G(\chi_0; T)$ 作为 χ_0 的 p 进 L 函数, 更一般地, 将 $G(\chi; T) = G(\chi_0; \chi_1(\gamma_0)^{-1}(1+T) - 1)$ 作为 χ 的 p 进 L 函数 (模是 $\mathfrak{f}$). 注: 作为 T 的幂级数它依赖于 u (或 γ_0) 的选取, 只有 $L_{p,\mathfrak{f}}(\chi, s)$ 具有内蕴含义.

双变量函数由同样的步骤定义. 令 K'_∞ 是在 $\bar{\mathfrak{p}}$ 之外非分歧的唯一 $\mathbb{Z}_p$ 扩张, 为简单起见, 假设 $K'_\infty \cap K_\infty = K$. 取定一同构 $\kappa_2 : \mathrm{Gal}(K'_\infty/K) = 1 + p\mathbb{Z}_p$ (若 $p = 2$ 则是 $1 + 4\mathbb{Z}_2$). 那么我们令

$$L_{p,\mathfrak{f}}(\chi; s_1, s_2) = L_{p,\mathfrak{f}}(\chi\kappa_1^{-s_1}\kappa_2^{-s_2}) \qquad \forall s_1, s_2 \in \mathbb{Z}_p. \tag{2.115}$$

我们将留给读者去定义 $G(\chi; T_1, T_2)$ 作为 K 的任意有限阶特征 χ 的双变量幂级数,
并导出 (2.113) 和 (2.114) 的类似公式.

2.5   Kronecker 极限公式的 p 进类比

在分圆域情形, Leopoldt 已经指出 (Kubota-Leopoldt) p 进 L 函数在 1 处的
值由类似于经典 $L(\chi, 1)$ 的公式给出. 他的结果中有趣的地方在于点 $s = 1$ 是插
值公式以外的第一个整点, 然而, 当复对数形式地被 p 进对数取代, $L_p(\chi, 1)$ 代替
$L(\chi, 1)$ 之后同样的公式成立. 参见 [33] 定理 3, 61 页.

当 K 是虚二次域时, 存在一个由 Kronecker 第二极限公式推出的类似的经典
结果. 见 [68] 定理 9, 110 页. 因为函数方程联系着点 $s = 0$ 和 $s = 1$, 结果可重述
如下 ([72] 97 页):

定理 2.5.1   令 $\mathfrak{g}$ 是 K 的非平凡整理想, χ 是导子整除 $\mathfrak{g}$ 的有限阶特征. 令 $\varphi_{\mathfrak{g}}(C)$
是 Robert 不变量 (见 (2.45)), $C \in Cl(\mathfrak{g})$ 是模 $\mathfrak{g}$ 的射线类群的元. 令 g 是 $\mathfrak{g}$
中最小的正整数, $w_{\mathfrak{g}}$ 是 K 中模 $\mathfrak{g}$ 同余于 1 的单位根的个数. 令 $L_{\infty,\mathfrak{g}}(\chi, s) =$
$(2\pi)^{-s}\Gamma(s)L(\chi, s)$, 如同等式 (2.2). 那么,

$$L_{\infty,\mathfrak{g}}(\chi, 0) = \frac{-1}{12g \cdot w_{\mathfrak{g}}} \sum_{C \in Cl(\mathfrak{g})} \chi(C) \cdot \log |\varphi_{\mathfrak{g}}(C)|^2. \tag{2.116}$$

本节, 我们证明这个经典结果的 p 进类比. 或参见 [37] 10.4.

定理 2.5.2   符号和假设同上, 令 p 是一个在 K 中分裂的素数, 并写成 $\mathfrak{g} = \mathfrak{f}\mathfrak{p}^n$, $\mathfrak{p} \nmid$
$\mathfrak{f}$. 定义 $L_{p,\mathfrak{f}}(\chi)$ 如同 (2.110), 并且若 $n > 0$, 则令 $L_{p,\mathfrak{g}}(\chi) = L_{p,\mathfrak{f}}(\chi)(1 - \chi(\mathfrak{p}))$. 若
$\chi = 1$, 则假设 $\mathfrak{f} \neq (1)$. 从而有,

$$L_{p,\mathfrak{g}}(\chi) = \frac{-1}{12g \cdot w_{\mathfrak{g}}} \cdot G(\chi^{-1}) \left(1 - \frac{\chi^{-1}(\mathfrak{p})}{p}\right) \cdot \sum_{C \in Cl(\mathfrak{g})} \chi(C) \cdot \log \varphi_{\mathfrak{g}}(C). \tag{2.117}$$

这里 "log" 指 p 进对数的任意分支 ([32] 4.1), $G(\chi)$ 是 Gauss 和 (2.89).

比较 (2.90). 暂时忘记复对数与 p 进对数的区别, 我们可以说 (2.90) "扩张" 到
$k = 0$. 回顾一下, $L_{p,\mathfrak{f}}(\chi)$ 是 χ^{-1} (不是 χ) 在 $\mu(\mathfrak{f})$ 上的积分.

证明   首先假设 $w_{\mathfrak{f}} = 1$ 且 $n \geqslant 0$ 是 $\mathfrak{p}$ 在 $\mathfrak{f}_\chi$ 中的幂 (但 $\mathfrak{f}$ 可能会被 χ 非分歧的素

理想整除). 那么公式 (2.75) 和 (2.80) 意味着

$$\int_{\mathcal{G}} \chi^{-1}(\sigma) d\mu_{\mathfrak{a}}(\sigma) = \tau(\chi^{-1}) \left(1 - \frac{\chi^{-1}(\mathfrak{p})}{p} \right) \cdot \sum_{\mathfrak{c}} \chi(\mathfrak{c}) \delta_{0,n}(\sigma_{\mathfrak{c}}(\beta(\mathfrak{a})))^0$$

$$= \tau(\chi^{-1}) \left(1 - \frac{\chi^{-1}(\mathfrak{p})}{p} \right) \sum \chi(\mathfrak{c}) \log(g_{\sigma_{\mathfrak{c}}(\beta(\mathfrak{a}))} \circ \theta)(\zeta_n - 1) \qquad (2.118)$$

$$= \tau(\chi^{-1}) \left(1 - \frac{\chi^{-1}(\mathfrak{p})}{p} \right) \sum \chi(\mathfrak{c}) \cdot \log \sigma_{\mathfrak{c}}(e_n(\mathfrak{a}))^{\sigma_{\mathfrak{q}}},$$

其中 $e_n(\mathfrak{a}) = \Theta(\Omega; \mathfrak{p}^n \mathfrak{f} \Omega, \mathfrak{a})$ (见 (2.82)), $\mathfrak{q}$ 是引理 2.4.8 中的: $(\mathfrak{q}, K(\mathfrak{f})/K) = \phi^n$, $\mathbf{N}\mathfrak{q} \equiv 1 \mod p^n$. 注: $G(\chi^{-1}) = \chi^{-1}(\mathfrak{q})\tau(\chi^{-1})$.

结合 (2.118) 与 $L_{p,\mathfrak{g}}(\chi)$ 的定义及事实 $\mu_{\mathfrak{a}} = \mu(\mathfrak{f})12(\sigma_{\mathfrak{a}} - \mathbf{N}\mathfrak{a})$, 我们得到

$$L_{p,\mathfrak{g}}(\chi) \cdot 12 \cdot (\chi^{-1}(\mathfrak{a}) - \mathbf{N}\mathfrak{a}) = G(\chi^{-1}) \left(1 - \frac{\chi^{-1}(\mathfrak{p})}{p} \right) \sum \chi(\mathfrak{c}) \cdot \log \sigma_{\mathfrak{c}}(e_n(\mathfrak{a})). \quad (2.119)$$

公式 (2.117) 由上式得出, 这是因为由 (2.46)

$$e_n(\mathfrak{a})^g = \Theta(1; \mathfrak{g}, \mathfrak{a})^g = \varphi_{\mathfrak{g}}(1)^{\mathbf{N}\mathfrak{a} - \sigma(\mathfrak{a})},$$

且我们已经假设 $w_{\mathfrak{g}} = 1$.

一般的情形容易由上面特殊的情形得出, 因为如果我们临时记 (2.117) 的右端为 $M_{\mathfrak{g}}(\chi)$, 分布关系命题 2.2.2 (或参看 [38] 242 页) 表明对任意素理想 $\mathfrak{l}$ 有

$$M_{\mathfrak{g}}^{\mathfrak{l}}(\chi) = \begin{cases} M_{\mathfrak{g}}(\chi), & \text{若 } \mathfrak{l} \mid \mathfrak{g}, \\ (1 - \chi(\mathfrak{l})) M_{\mathfrak{g}}(\chi), & \text{其他情形.} \end{cases}$$

同样的关系在 $L_{p,\mathfrak{g}}(\chi)$ 和 $L_{p,\mathfrak{g}}^{\mathfrak{l}}(\chi)$ 之间也成立, 这在定理 2.4.11(ii) 中提及过. 因此, 我们可以假设 $w_{\mathfrak{f}} = 1$ 而不失一般性. $\qquad \square$

推论 2.5.3   导子为 1 的 p 进 L 函数 $L_{p,(1)}$ 在平凡特征处有一个真正的极点.

证明   固定一个辅助素理想 $\mathfrak{f}$. 根据定理 2.4.11(iii), 我们只需证明 $L_{p,\mathfrak{f}}(1) = \mu(\mathcal{G}(\mathfrak{f})) \neq 0$ (注: 当 $\mathfrak{f}$ 被两个不同的素理想整除时这是 0). 但 (2.119) 表明

$$12 \cdot \mu(\mathcal{G}(\mathfrak{f})) \cdot (1 - \mathbf{N}\mathfrak{a}) = \left(1 - \frac{1}{p} \right) \cdot \log \mathbf{N}_{K(\mathfrak{f})/K} \Theta(1; \mathfrak{f}, \mathfrak{a}) \qquad (2.120)$$

且 $\mathbf{N}_{K(\mathfrak{f})/K} \Theta(1; \mathfrak{f}, \mathfrak{a})$ 是一个 p 进单位但不是整体单位, 因为它在 $\mathfrak{f}$ 处的赋值非零. 特别地, 它的 p 进对数非零, 正是所要求的. $\qquad \square$

2.6 函数方程

类似于经典函数方程, "双变量" p 进 L 函数也满足一个函数方程. 在这方面, 椭圆理论与 Kubota-Leopoldt 函数的分圆理论有很大的不同. 原因是, 粗略地说, 复共轭 "作用于每个对象" 且能使我们定义一个 K 的 A_0 特征上的对合 $\varepsilon \mapsto \check{\varepsilon}$, 保持临界性不变 (见下面推论 2.6.7).

2.6.1 对任意 K 的 Hecke 特征 ε, 令

$$\check{\varepsilon}(\mathfrak{a}) = \varepsilon^{-1}(\bar{\mathfrak{a}})\mathbf{N}\mathfrak{a}^{-1}. \tag{2.121}$$

显然, $\mathfrak{f}_{\check{\varepsilon}} = \bar{\mathfrak{f}}_\varepsilon$. 如果 ε 的无穷型是 (k, j), 则 $\check{\varepsilon}$ 的是 $(-j-1, -k-1)$. 在图 (2.4) 中, ε 和 $\check{\varepsilon}$ 的无穷型关于直线 $k + j = -1$ 是对称的, 故 $\check{\varepsilon}$ 是临界的当且仅当 ε 也是. 现在令 $\mathfrak{f}$ 是一整理想, $(\mathfrak{f}, p) = 1$, 且假设 $\mathfrak{f}_\varepsilon \mid \mathfrak{f}p^\infty$. 令 $\mathcal{G} = \mathrm{Gal}(K(\mathfrak{f}p^\infty)/K)$ 及 $\check{\mathcal{G}} = \mathrm{Gal}(K(\bar{\mathfrak{f}}p^\infty)/K)$. 如果我们将 ε 看作 $\mathcal{G}$ 上的 p 进特征 (2.5), 并记复共轭为 ρ, 则 $\check{\varepsilon}$ 可看作 $\check{\mathcal{G}}$ 的特征, 且 (2.121) 得出

$$\check{\varepsilon}(\sigma) = \varepsilon^{-1}\mathbf{N}^{-1}(\rho\sigma\rho^{-1}). \tag{2.122}$$

因为 $\varepsilon\bar{\varepsilon} = \mathbf{N}^{k+j}$, 我们也有 $L(\check{\varepsilon}, 0) = L(\varepsilon^{-1}\mathbf{N}^{-1}, 0) = L(\bar{\varepsilon}, 1 + k + j)$, 所以复函数方程 (2.3) 变成

$$L_\infty(\varepsilon, 0) = W \cdot (d_K\mathbf{N}\mathfrak{f}_\varepsilon)^{\frac{1+k+j}{2}} \cdot L_\infty(\check{\varepsilon}, 0). \tag{2.123}$$

Artin 根数 $W = W(\varepsilon)$ 是局部因子的乘积 $W = \prod W_v$ (遍历 K 的所有素位). 这里 $W_\infty = i^{|j-k|}$, 有限因子 $W_\mathfrak{q} = W_\mathfrak{q}(\varepsilon)$ 如下给出. 令 ε_0 是 $K_A^\times$ 相伴于 ε 的拟特征, 正如 Tate 论文中的. 因而, ε_0 在主伊代尔 (idèle)[3] 上是平凡的. 若 $(\mathfrak{q}, \mathfrak{f}_\varepsilon) = 1$, 则 $\varepsilon_0(t_\mathfrak{q}) = \varepsilon(\mathfrak{q})$, 其中 $t_\mathfrak{q}$ 是任意伊代尔使得其 $\mathfrak{q}$ 分支是 $K_\mathfrak{q}$ 的单值化参数, 在其他坐标上是 1. 令 $\mathfrak{q}^e \parallel (\sqrt{-d_K})$ 且 $\mathfrak{q}^m \parallel \mathfrak{f}_\varepsilon$, 并记 tr 为映射

$$\mathrm{tr} : K_\mathfrak{q} \xrightarrow{\text{迹}} \mathbb{Q}_q \to \mathbb{Q}_q/\mathbb{Z}_q \hookrightarrow \mathbb{Q}/\mathbb{Z}.$$

在下面的和中, u 遍历在 $\mathfrak{q}$ 之外平凡且 $\mathfrak{q}$ 分量代表 $\mathcal{O}_\mathfrak{q}^\times$ 模 $1 + \mathfrak{q}^m\mathcal{O}_\mathfrak{q}$ 的伊代尔. 我们有 ([41] XIV, §8)

---

[3] idèle 一词在《英汉数学词汇》中音译为 "伊代尔". 黎景辉在《代数数论》中按 idèle 的构词法, 译作 "理元", 即 "理想元素" 的缩合词.

$$W_{\mathfrak{q}}(\varepsilon)^{-1} = \mathbf{N}\mathfrak{q}^{\frac{m(k+j-1)+e(k+j)}{2}} \cdot \sum_u \varepsilon_0(ut_{\mathfrak{q}}^{-m-e}) \exp[2\pi i \ \mathrm{tr}(ut_{\mathfrak{q}}^{-m-e})], \qquad (2.124)$$

且此表达式不依赖 $t_{\mathfrak{q}}$ 和 $\{u\}$ 的选取.

2.6.2 为得到函数方程, 我们需要精确了解的是由 (2.96) 定义的 ζ_n. 将 $i\sqrt{d_K}$ 写成 $\sqrt{-d_K}$.

引理 2.6.1 令 $\delta \in \mathbb{Z}_p^\times$ 是 $\sqrt{-d_K}$ 在映射 $K \hookrightarrow K_{\mathfrak{p}} = \mathbb{Q}_p$ 下的像, 则

$$\zeta_n^\delta = e^{-2\pi i/p^n}. \qquad (2.125)$$

证明 根据 $d_K \equiv 0$ 或 $3 \mod 4$, 写成 $\mathcal{O}_K = \mathbb{Z} + \mathbb{Z}\tau$, $\tau = \sqrt{-d_K}/2$ 或 $\tau = (1+\sqrt{-d_K})/2$. 在格 $p^n\mathcal{O}_K$ 的 p^n 分点上, 我们有如下公式, 其给出了 Weil 配对:

$$e_{p^n}(x,y) = \exp\left(2\pi i \frac{\overline{x}y - x\overline{y}}{p^n\sqrt{-d_K}}\right), \qquad x,y \in \mathcal{O}_K/p^n\mathcal{O}_K. \qquad (2.126)$$

现在设 w_n, u_n 是如 (2.96) 给出的, 即 $w_n \in \mathfrak{p}^n, u_n \in \overline{\mathfrak{p}}^n, w_n - u_n \equiv 1 \mod p^n$. 因而, (2.126) 给出

$$\zeta_n = e_{p^n}(w_n, u_n) = \exp\left(2\pi i \frac{w_n - \overline{w}_n}{p^n\sqrt{-d_K}}\right).$$

现在 $w_n - \overline{w}_n = (w_n - u_n) + (u_n - \overline{w}_n) \equiv 1 \mod \overline{\mathfrak{p}}^n$, 所以 $w_n - \overline{w}_n \equiv -1 \mod \mathfrak{p}^n$. 由此得出在 $K_{\mathfrak{p}}$ 中 $(w_n-\overline{w}_n)/\sqrt{-d_K} \equiv -\delta^{-1} \mod \mathfrak{p}^n$. 因为 $(w_n-\overline{w}_n)/\sqrt{-d_K} \in \mathbb{Q}$, 所以当我们将 δ 看作在 $\mathbb{Z}_p^\times$ 中时, 模 p^n 的同余关系成立. 这便证明了引理. $\square$

2.6.3 p 进 L 函数方程的关键是局部根数 $W_{\mathfrak{p}}$ 和 $W_{\overline{\mathfrak{p}}}$ 及 (2.98) 中的量 $G(\varepsilon)$ 之间的比较.

在下文中, 令 ε 是 (k,j) 型 Hecke 特征, $\mathfrak{f}_\varepsilon = \mathfrak{f}\mathfrak{p}^n\overline{\mathfrak{p}}^m$, 及 $(\mathfrak{f}, p) = 1$. 令

$$\sigma_\delta \in \mathrm{Gal}(K(\mathfrak{f}p^\infty)/K(\mathfrak{f}\overline{\mathfrak{p}}^\infty)) \qquad (2.127)$$

是由 $\sigma_\delta(\zeta) = \zeta^\delta$ 对所有 p 幂次单位根成立定义的. 因而 $\overline{\varphi}(\sigma_\delta) = 1$, $\varphi(\sigma_\delta) = \mathbf{N}(\sigma_\delta) = \delta$.

引理 2.6.2 (i) $W_{\mathfrak{p}}(\varepsilon)^{-1} = p^{\frac{n}{2}(k+j+1)}\delta^{-k}\varepsilon(\sigma_\delta) \cdot G(\varepsilon^{-1})$.
(ii) $W_{\overline{\mathfrak{p}}}(\varepsilon) = p^{-\frac{m}{2}(k+j+1)}(-\delta)^{j+1}\check{\varepsilon}(\sigma_{-\delta}) \cdot G(\check{\varepsilon}^{-1})$.

证明 (i) 当在 (2.124) 中 $\mathfrak{q} = \mathfrak{p}$ 时, 我们有 $e = 0$, 且对 $t_{\mathfrak{p}}$ 我们取 $p = (\cdots, 1, p, 1\cdots)$

$\in K_A^\times$. 从而,

$$W_{\mathfrak{p}}(\varepsilon)^{-1} = p^{\frac{n}{2}(k+j-1)} \sum_u \varepsilon_0^{-1}(p^n u) \exp(2\pi i u^{-1} p^{-n})$$
$$= p^{\frac{n}{2}(k+j-1)} \cdot \varphi^{-k}\overline{\varphi}^{-j}(\mathfrak{p}^n) \cdot \sum_u \chi_0^{-1}(p^n u) \exp(2\pi i u^{-1} p^{-n}),$$

这里, 正如通常一样, 我们写成 $\varepsilon = \varphi^k \overline{\varphi}^j \chi$ 使得 φ 是 $(1,0)$ 型的且导子整除 $\mathfrak{f}\overline{\mathfrak{p}}^\infty$. 将 $\exp(2\pi i p^{-n})$ 替换为 $\zeta_n^{-\delta}$ (见 (2.125)), 利用局部类域论将 $p^n u$, $u \in (\mathcal{O}_{\mathfrak{p}}/\mathfrak{p}^n \mathcal{O}_{\mathfrak{p}})^\times$, 等同于它们在 $\mathcal{G} = \mathrm{Gal}(K(\mathfrak{f}\mathfrak{p}^\infty)/K)$ 的局部 Artin 符号. 令 $F' = K(\overline{\mathfrak{f}\mathfrak{p}^\infty})$ 和 $F_n' = K(\mathfrak{f}\overline{\mathfrak{p}}^\infty \mathfrak{p}^n)$, 则 $p^n u$ 对应 $S = \{\sigma \in \mathrm{Gal}(F_n'/K) \mid \sigma|_{F'} = (\mathfrak{p}^n, F'/K)\}$ (见 ◇ 2.4.10 段). 我们得到了

$$W_{\mathfrak{p}}(\varepsilon)^{-1} = p^{\frac{n}{2}(k+j-1)} \cdot \varphi^{-k}\overline{\varphi}^{-j}(\mathfrak{p}^n) \cdot \sum_{\sigma \in S} \chi^{-1}(\sigma) \zeta_n^{-\sigma\sigma_\delta}$$
$$= p^{\frac{n}{2}(k+j+1)} \cdot \chi(\sigma_\delta) \cdot G(\varepsilon^{-1}).$$

为得到表达式 (i), 只要注意到 $\varphi(\sigma_\delta) = \delta$ 和 $\overline{\varphi}(\sigma_\delta) = 1$.

(ii) 容易看到, 由 "结构的搬运", 有

$$W_{\overline{\mathfrak{p}}}(\varepsilon) = W_{\mathfrak{p}}(\check{\varepsilon}^{-1}\mathbf{N}^{-1}).$$

特征 $\check{\varepsilon}^{-1}\mathbf{N}^{-1}$ 是 (j,k) 型, 且 $\mathfrak{p}$ 在其导子中的幂是 m. 将第 (i) 部分应用其上, 我们得到

$$W_{\overline{\mathfrak{p}}}(\varepsilon)^{-1} = p^{\frac{m}{2}(k+j+1)} \delta^{-j-1} \check{\varepsilon}^{-1}(\sigma_\delta) \cdot G(\check{\varepsilon}\mathbf{N}),$$

这里, 坦率地说, σ_δ 是如 (2.127) 中定义, 但用 $\overline{\mathfrak{f}}$ 替换了 $\mathfrak{f}$. 令 σ_{-1} 以同样的方式定义, 用 -1 替换 δ: $\sigma_{-1}(\zeta) = \zeta^{-1}$. 现在 $G(\check{\varepsilon}\mathbf{N}) = p^m G(\check{\varepsilon})$, 且由 $G(\check{\varepsilon})G(\check{\varepsilon}^{-1}) = p^{-m}\check{\varepsilon}(\sigma_{-1})(-1)^{j+1}$, 我们容易导出 (ii) 中给出的公式. □

2.6.4 p 进函数方程:

令 ε 是 $\mathcal{G} = \mathrm{Gal}(K(\mathfrak{f}p^\infty)/K)$ 的 p 进连续特征, $(\mathfrak{f},p)=1$, 并假设 ε 在所有整除 $\mathfrak{f}$ 的素理想处分歧. 如上所述, $\check{\varepsilon}$ (由 (2.122) 给出) 是 $\check{\mathcal{G}} = \mathrm{Gal}(K(\overline{\mathfrak{f}}p^\infty)/K)$ 的特征. 让我们将 ε 的 p 进 L 函数简单写成 $L_p(\varepsilon)$, 模是 $\mathfrak{f}\mathfrak{p}^\infty$ (见 ◇ 2.4.13 段), 类似地有 $L_p(\check{\varepsilon})$. 因而,

$$\begin{cases} L_p(\varepsilon) = \int_{\mathcal{G}} \varepsilon^{-1}(\sigma) d\mu(\mathfrak{f}\mathfrak{p}^\infty; \sigma), \\ L_p(\check{\varepsilon}) = \int_{\check{\mathcal{G}}} \check{\varepsilon}^{-1}(\sigma) d\mu(\overline{\mathfrak{f}\mathfrak{p}^\infty}; \sigma). \end{cases} \tag{2.128}$$

定理 2.6.3 ([36] 5.3.7) (i) 存在一个 p 进单位 $W^{\text{padic}}(\varepsilon)$ (p 进根数) 使得

$$L_p(\varepsilon) = W^{\text{padic}}(\varepsilon) \cdot \frac{\check{\varepsilon}(\sigma_{-\delta})}{\varepsilon(\sigma_\delta)} \cdot L_p(\check{\varepsilon}). \tag{2.129}$$

(ii) 假设 ε 是 A_0 型 Hecke 特征, 导子是 $\mathfrak{f}\mathfrak{p}^n\bar{\mathfrak{p}}^m$, 则有

$$W^{\text{padic}}(\varepsilon) = -i \prod_{\mathfrak{q}} W_{\mathfrak{q}}(\varepsilon), \tag{2.130}$$

其中 $\mathfrak{q}$ 遍历所有 $(\mathfrak{q}, p) = 1$ 的素理想.

证明 首先, 让我们假设 ε 是 $(k, -k-1)$ 型 Hecke 特征, $k < 0$, 故其无穷型在反分圆线上. 从而, $\check{\varepsilon}$ 有相同的无穷型, 且 ε 和 $\check{\varepsilon}$ 都在定理 2.4.15 的插值范围内. 因为 $(1 - \frac{\varepsilon^{-1}(\mathfrak{p})}{p}) = (1 - \check{\varepsilon}(\bar{\mathfrak{p}}))$, 且 $\mathfrak{f}$ 是 $\mathfrak{f}_\varepsilon$ 的非 p 部分, 公式 (2.97) (用 ε^{-1} 替换 ε) 得出

$$\Omega_p^{2k+1} L_p(\varepsilon) = \Omega^{2k+1} \left(\frac{\sqrt{d_K}}{2\pi}\right)^{k+1} \cdot G(\varepsilon^{-1})(1 - \check{\varepsilon}(\bar{\mathfrak{p}}))(1 - \varepsilon(\bar{\mathfrak{p}})) \cdot L_\infty(\varepsilon, 0). \tag{2.131}$$

同样地,

$$\Omega_p^{2k+1} L_p(\check{\varepsilon}) = \Omega^{2k+1} \left(\frac{\sqrt{d_K}}{2\pi}\right)^{k+1} \cdot G(\check{\varepsilon}^{-1})(1 - \varepsilon(\bar{\mathfrak{p}}))(1 - \check{\varepsilon}(\bar{\mathfrak{p}})) \cdot L_\infty(\check{\varepsilon}, 0). \tag{2.132}$$

用 (2.131) 除以 (2.132), 我们由复函数方程 (2.123) 推出

$$\begin{aligned}
\frac{L_p(\varepsilon)}{L_p(\check{\varepsilon})} &= \frac{G(\varepsilon^{-1}) \cdot W(\varepsilon)}{G(\check{\varepsilon}^{-1})} \\
&= \delta^k \varepsilon^{-1}(\sigma_\delta) \cdot (-\delta)^{-k} \check{\varepsilon}(\sigma_{-\delta}) \cdot W_\infty(\varepsilon) \cdot \prod_{\mathfrak{q}} W_{\mathfrak{q}}(\varepsilon),
\end{aligned}$$

这里我们应用了引理 2.6.2. 最后, $W_\infty(\varepsilon) = i^{-1-2k}$ 在此情形下给出了 (2.129) 和 (2.130), 并且容易知道 (2.130) 是一个 p 进单位.

为处理一般情形, 令 K_∞ 是 K 的极大 $\mathbb{Z}_p^2$ 扩张, $G = \text{Gal}(K_\infty/K)$, $H = \text{Gal}(K(\mathfrak{f}p^\infty)/K_\infty)$ 及 $\check{H} = \text{Gal}(K(\check{\mathfrak{f}}p^\infty)/K_\infty)$. 固定分解 $\mathcal{G} = G \times H$, $\check{\mathcal{G}} = G \times \check{H}$, 其关于同构 $\mathcal{G} \cong \check{\mathcal{G}}$, $\sigma \mapsto \rho\sigma\rho^{-1}$ (ρ 是复共轭) 相容. $\mathcal{G}$ 上的任意特征可唯一写成 $\varepsilon = \varepsilon_G\varepsilon_H$, 其中 ε_G 在 H 上平凡, 反之亦然. 进而, ε_G 仅在 $\mathfrak{p}$ 和 $\bar{\mathfrak{p}}$ 处分歧, 并且若 ε 是 (k, j) 型的, 则 ε_G 亦然, 因为 ε_H 是有限阶的.

考虑 $\mathcal{G}$ 上如下定义的两个测度

$$\begin{cases} d\nu(\sigma) = d\mu(\bar{\mathfrak{fp}}^{\infty}, \sigma\sigma_{\delta}), \\ d\check{\nu}(\sigma) = \mathbf{N}^{-1}(\sigma) \cdot d\mu(\bar{\mathfrak{fp}}^{\infty}, \rho\sigma^{-1}\rho^{-1}\sigma_{-\delta}). \end{cases} \tag{2.133}$$

容易看出 (2.129) 等价于此陈述: 若 ε_H 在所有整除 $\mathfrak{f}$ 的素理想处分歧, 则

$$\int_{\mathcal{G}} \varepsilon^{-1}(\sigma) d\nu(\sigma) = W^{\mathrm{padic}}(\varepsilon) \cdot \int_{\mathcal{G}} \varepsilon^{-1}(\sigma) d\check{\nu}(\sigma). \tag{2.134}$$

现在, 固定 ε_H 并且变动 ε_G. 注意到 $W^{\mathrm{padic}}(\varepsilon)$ 仅依赖于 ε_H, 所以它是不变的. 因而, (2.134) 相当于测度之间的等式

$$\varepsilon_H^{-1}(\nu) = W^{\mathrm{padic}}(\varepsilon_H) \cdot \varepsilon_H^{-1}(\check{\nu}), \tag{2.135}$$

这里我们用 ε_H^{-1} 将 $\mathbb{D}[[G]]$ 投射到 $\mathbb{D}[[G]]$ 上. 之前我们已经验证, 对任意 $k < 0, (k, -k-1)$ 型的 Hecke 特征 $\varepsilon_G, \varepsilon_G^{-1}$ 在 (2.135) 两端的积分是相等的. 因为我们可以用任意一个有限阶的特征扭曲 ε_G 而不改变它的无穷型, 所以存在足够的 ε_G 分离 $\mathbb{D}[[G]]$ 中的点. 从而, (2.135) 得证并由此得到 (2.134) 和 (2.129). 公式 (2.130) 以及 $W^{\mathrm{padic}}(\varepsilon)$ 是单位的事实, 也由以上得出. $\qquad\qquad\square$

注记 2.6.4　$\varepsilon \mapsto \check{\varepsilon}$ 的对合性质和 (2.129) 合在一起蕴含着

$$W^{\mathrm{padic}}(\varepsilon) \cdot W^{\mathrm{padic}}(\check{\varepsilon}) \cdot \varepsilon\check{\varepsilon}(\sigma_{-1}) = 1. \tag{2.136}$$

这可以直接验证. 例如, 让我们检验一下当 $\mathfrak{f} = (1)$ 时的情形. 那么, (2.130) 给出 $W^{\mathrm{padic}}(\varepsilon) \cdot W^{\mathrm{padic}}(\check{\varepsilon}) = -1$. 另一方面, $\varepsilon\check{\varepsilon}(\sigma_{-1}) = -\varepsilon(\sigma_{-1}\rho\sigma_{-1}^{-1}\rho^{-1}) = -1$, 因为 $\sigma_{-1}\rho\sigma_{-1}^{-1}\rho^{-1}$ 是由 $\alpha_{\mathfrak{p}} = \alpha_{\bar{\mathfrak{p}}} = -1$、其他的 $\alpha_v = 1$ 定义的伊代尔 $\alpha = (\alpha_v)$ 的 Artin 符号, 并且我们可以将剩下的 1 变成 -1, 因为 ε 在 p 之外非分歧, 这样便得到一个主伊代尔, 其 Artin 符号是平凡的.

2.6.5　特别感兴趣的是 K 的**反分圆特征**. 这由定义知是 p 进特征, 其满足

$$\varepsilon = \check{\varepsilon}. \tag{2.137}$$

对该 ε, 函数方程 (2.129) 中的符号是

$$\mathrm{sgn}(\varepsilon) = W^{\mathrm{padic}}(\varepsilon) \cdot \varepsilon(\sigma_{-1}) = \pm 1, \tag{2.138}$$

这是由于 (2.136). 如果 $\mathrm{sgn}(\varepsilon) = -1$, 那么 ε 是 p 进 L 函数的零点.

注记 2.6.5　反分圆特征 ε 必定在某个非 p 之上的素理想分歧, 当然, 其导子在复

共轭下是稳定的. 为了看到这一点, 可将 (2.138) 与 (2.130) 比较即得. 或者, 假设有 Hecke 特征 ε 满足 $\varepsilon = \check{\varepsilon}$. 如果记 γ_v 为在 v 处是 -1、在其他处是 1 的伊代尔, 那么 $\varepsilon(\gamma_{\overline{\mathfrak{p}}}) = \check{\varepsilon}(\gamma_{\mathfrak{p}}) = \varepsilon(\gamma_{\mathfrak{p}})$, 因此, $\varepsilon(\gamma_\infty \gamma_{\mathfrak{p}} \gamma_{\overline{\mathfrak{p}}}) = \varepsilon(\gamma_\infty) = -1$, 这是因为 ε 的无穷型是 $(k, -k-1)$. 但如果 ε 在 p 之外非分歧, 那么 $\varepsilon(\gamma_\infty \gamma_{\mathfrak{p}} \gamma_{\overline{\mathfrak{p}}}) = \varepsilon(-1, -1, \cdots) = 1$. 我们的讨论实际上证明了 ε 必定是在某个非分裂的素理想处分歧.

2.6.6 函数方程有如下两个明显但重要的推论.

推论 2.6.6 $L_p(\varepsilon) = 0 \Leftrightarrow L_p(\check{\varepsilon}) = 0$.

函数方程的另一个推论如下.

推论 2.6.7 符号如同定理 2.4.15, 该定理 (插值公式 (2.97)) 的推论对任意 (k, j) 型的 Hecke 特征 ε 成立, 这里 $k > 0$ 且 $j \leqslant 0$.

换句话说, 插值范围可扩大到临界值的一半. 我们不能把这个结果扩展到另一半. 函数方程

$$L(\varepsilon, s) = L(\varepsilon \circ \rho, s) \tag{2.139}$$

没有 p 进类比, 其中 ρ 是复共轭. 注: p 进函数方程是 (2.123) 的对应物, 这是 (2.139) 和经典函数方程 (2.3) 的 "合成", 而不是它们单独之一.

在类域论中的应用

　　带复乘的椭圆曲线上的 Iwasawa 理论主要分为两个主题, 它们之间的相互影响促进了我们对两者的理解. 其中一个主题是研究虚二次域上的 Abel 扩张, 特别是其单位群和理想类群; 另一个主题是研究带复乘的椭圆曲线的算术, 以及对来自丢番图方程的问题的研究. 尽管这两个主题内容错综复杂交织在一起, 我们将在此集中讨论第一个主题, 然后在第四章讨论它在 Birch 和 Swinnerton-Dyer 猜想上的重要应用.

　　为了正确地理解这个问题, 我们先回顾并讨论一点分圆 Iwasawa 理论. 受到 Weil 在有限域上的曲线的研究的启发, Iwasawa 找到了 Jacobian 簇在数域情况下的类比. 因为无法在更大范围上找到一个满意的答案, 他将注意力集中在 Jacobian 的 p-部分 (p 为素数, 且不等于特征). 令 $\mathbb{Q}$ 为一个底域, 则前面提到的 (有限域的代数闭域上的) "几何" 曲线的类比为 $F_\infty = \mathbb{Q}(p^\infty)$, 即 $\mathbb{Q}$ 上除 p 外的极大非分歧 Abel 扩张 ($\mathbb{Q}(\mu_{p^\infty})$ 的实子域). Jacobian 的 p 进 Tate 模的类比应该是 **Iwasawa 模** $\mathcal{X} = \mathrm{Gal}(M_\infty/F_\infty)$, 其中 M_∞ 为 F_∞ 上除 p 外非分歧的极大 pro-p Abel 扩张. 对 $\Lambda = \mathbb{Z}_p[[\mathcal{G}]]$ 模 $\mathcal{X}$ 的研究是 Iwasawa 理论的中心内容, 其中 $\mathcal{G} = \mathrm{Gal}(F_\infty/\mathbb{Q})$.

　　在 Weil 的理论中, 曲线的 zeta 函数本质上由 Frobenius 在 Jacobian 的 p 进 Tate 模上作用的特征多项式给出. 它的零点为 Frobenius 在 Tate 模上作用的特征值的倒数. 著名的 Mazur-Wiles 定理 (即原 Iwasawa 主猜想) 断言: $\mathcal{G}$ 作用在 $\mathcal{X}$ (有限秩的自由 $\mathbb{Z}_p$ 模) 上的本征特征恰好为 Kubota-Leopoldt p 进 L 函数的零点

的倒数. 当我们将 p 进 L 函数看成 $\mathcal{G}$ 上特征的一个函数时, 这个公式真是太优美了 (参考第一章 §1.3). 尽管 Λ 模 $\mathcal{X}$ 的半单性质没有解决, Mazur-Wiles 定理仍为 $\mathbb{Z}_p$ 扩张的 p 进分析和代数算术理论建立起联系.

我们的主要目标是对椭圆曲线情况给出相应的主猜想, 参见本章主猜想 3.1.8, 推论 3.1.10. 我们将会给出一些支持它的证据, 即证明 Iwasawa 不变量相等的两个模都应该具有相同的特征多项式. 因此我们不用去证明两个多项式的根相等, 只需证明它们的次数相等即可. 我们还不加证明地讨论了关于 μ 不变量消失性的 Gillard 定理, 并讨论了近期 K. Rubin 关于 K 的 Abel 扩张的理想类群的工作及其与主猜想之间的联系.

第三章我们假设 $p > 2$.

3.1   主猜想

3.1.1   我们沿用第二章的符号. K 为一个虚二次域, 固定 K 上一个整理想 $\mathfrak{f}$, 以及一个分裂素理想 $\mathfrak{p}$ 满足 $(\mathfrak{p}, \mathfrak{f}) = 1$. 令 $F = K(\mathfrak{f})$, $F_n = K(\mathfrak{f}\mathfrak{p}^n)$ 为相应的射线类域. F 中每一个位于 $\mathfrak{p}$ 之上的素理想 $\mathfrak{P}$ 在 F_∞ 中是完全分歧的.

定义 $\mathbb{Q}_p^{\mathrm{ur}}$ 的完备化的整数环为 $\mathbb{D}$, 令 $\mathcal{G} = \mathcal{G}(\mathfrak{f}) = \mathrm{Gal}(K(\mathfrak{f}\mathfrak{p}^\infty)/K)$, 以及 $\Lambda = \Lambda(\mathcal{G}, \mathbb{D})$, 即 $\mathcal{G}$ 上 $\mathbb{D}$ 值测度的卷积代数. 回忆第二章 (2.62) 中定义 U_n 的逆极限为

$$\mathcal{U} = \mathcal{U}(\mathfrak{f}) = \varprojlim U_n, \tag{3.1}$$

其中 U_n 为 F_n 在 $\mathfrak{p}$ 点完备化的（半局部）主单位. 与第二章 $\diamond$ 2.4.1 段不同, 我们不再假设 $w_{\mathfrak{f}} = 1$. 特别地, $\mathfrak{f}$ 可以是平凡的. $\mathcal{U}$ 是无挠的 pro-p 群, 也是一个 $\mathbb{Z}_p[[\mathcal{G}]]$ 模.

令 $\mathcal{Z}$ 为 $\mathfrak{p}$ 在 $\mathcal{G}$ 上的分解群, $G = \mathrm{Gal}(F_\infty/F)$ 且 $\Gamma = \mathrm{Gal}(F_\infty/F_1)$ 使得

$$K - \cdot - F - F_1 - F_\infty$$

$$\mathcal{G} \supset \mathcal{Z} \supset G \supset \Gamma \supset (1)$$

为域的对应图. 令 $\mathfrak{P}$ 为 F 中位于 $\mathfrak{p}$ 之上的任意素理想, 考虑群 $\mu_{p^\infty}(F_\infty)$ 和 $\mu_{p^\infty}(F_{\infty,\mathfrak{P}})$. 定义它们在 $\mathbb{Z}_p[[\mathcal{G}]]$ 和 $\mathbb{Z}_p[[\mathcal{Z}]]$ 的零化子分别为 J_0 和 J_1, 定义 Λ 中三个理想分别为

$$\Lambda_0 = J_0\Lambda,$$

$$\Lambda_1 = J_1 \Lambda,$$

$$\Lambda_{00} = \Lambda_0 \cap (\Lambda \text{ 中的增广理想}).$$

练习 3.1.1 (i) 证明 Λ_0 是由 $\sigma_{\mathfrak{a}} - \mathbf{N}\mathfrak{a}$ 生成的, 其中 $(\mathfrak{a}, 6\mathfrak{f}\mathfrak{p}) = 1$, $\sigma_{\mathfrak{a}} = (\mathfrak{a}, F_\infty/K)$.

(ii) 令 $\mathfrak{P}$ 为 F 中整除 $\mathfrak{p}$ 的一个素理想, p^N 为 $F_{\infty,\mathfrak{P}}$ 中 p 幂次单位根的个数. 设 $w_{\mathfrak{f}} = 1$, ξ 是 $\mathrm{N}_{F/K}\mathfrak{P}$ 中满足 $\xi \equiv 1 \mod \mathfrak{f}$ 的唯一的生成元, 且 $f = f(\mathfrak{P}/\mathfrak{p})$ 是相对次数, 证明 N 恰好为 $\mathfrak{p}$ 在 $p^f \xi^{-1} - 1$ 中的幂次.

(iii) 证明 $\Lambda/\Lambda_1 \cong \mathbb{D}/(p^N)[\mathcal{G}/\mathcal{Z}]$.

3.1.2 同态 i: 当 $w_{\mathfrak{f}}$ (K 中模 $\mathfrak{f}$ 同余于 1 的单位根的个数) 为 1 时, $\mathcal{U}$ 通过 $\mathcal{G}$ 模同态 $i: \beta \longmapsto \mu_\beta^0$ 嵌入 Λ (参考第二章 ◇ 2.4.6 段及 ◇ 2.4.7 段).

引理 3.1.2 (i) 映射 i 不依赖于构造中所用到的椭圆曲线 E, 它典范地相伴于扩张 F_∞/K 以及 (ζ_n) 的选取.

(ii) 假设 $\mathfrak{f}|\mathfrak{g}$ 且 $w_{\mathfrak{f}} = 1$. 令 $\Lambda(\mathfrak{g}) = \Lambda(\mathcal{G}(\mathfrak{g}), \mathbb{D})$, 并令

$$\pi_{\mathfrak{g},\mathfrak{f}} : \Lambda(\mathfrak{g}) \to \Lambda(\mathfrak{f}),$$

$$\eta_{\mathfrak{f},\mathfrak{g}} : \Lambda(\mathfrak{f}) \to \Lambda(\mathfrak{g})$$

分别为 Galois 群上的限制映射和转移映射 (corestriction). 则有如下交换图

$$\begin{array}{ccc}
\mathcal{U}(\mathfrak{g}) \xrightarrow{i(\mathfrak{g})} \Lambda(\mathfrak{g}) & \qquad & \mathcal{U}(\mathfrak{g}) \xrightarrow{i(\mathfrak{g})} \Lambda(\mathfrak{g}) \\
\mathrm{N}_{\mathfrak{g},\mathfrak{f}}\downarrow \quad \downarrow \pi_{\mathfrak{g},\mathfrak{f}} & & \mathrm{incl.}\uparrow \quad \uparrow \eta_{\mathfrak{f},\mathfrak{g}} \\
\mathcal{U}(\mathfrak{f}) \xrightarrow{i(\mathfrak{f})} \Lambda(\mathfrak{f}) & & \mathcal{U}(\mathfrak{f}) \xrightarrow{i(\mathfrak{f})} \Lambda(\mathfrak{f})
\end{array} \qquad (3.2)$$

(其中 $\mathrm{N}_{\mathfrak{g},\mathfrak{f}}$ 表示 $K(\mathfrak{g}\mathfrak{p}^\infty)$ 到 $K(\mathfrak{f}\mathfrak{p}^\infty)$ 的范. 注意对于 $\tau \in \mathcal{G}(\mathfrak{f})$ 有 $\eta_{\mathfrak{f},\mathfrak{g}}(\tau) = \sum_{\sigma \mapsto \tau} \sigma$).

证明 (i) 参考第二章命题 2.4.4 的 (2.73), 这是明显的.

(ii) 这两部分均可由定义得到, 这里留给读者验证. $\qquad\square$

命题 3.1.3 存在唯一的方式将 $i(\mathfrak{f})$ 的定义扩展到所有的 $\mathfrak{f}$ 上使得 (3.2) 保持可交换. 进而, i 诱导出同构

$$i : \mathcal{U} \hat{\otimes}_{\mathbb{Z}_p} \mathbb{D} \cong \Lambda_1. \qquad (3.3)$$

证明 首先假设 $w_{\mathfrak{f}} = 1$, 从而 i 与第二章 ◇ 2.4.6 段中定义相同. 令 $\mathcal{U}_z$ 为 $F_{n,\mathfrak{P}}$ 中主单位群的逆极限, $\Lambda_{1,z}$ 为 $\Lambda_z = \mathbb{D}[[\mathcal{Z}]]$ 中由 J_1 (符号见 ◇ 3.1.1 段) 生成的理想. 则 $\mathcal{U} = \mathrm{Ind}_{\mathcal{Z}}^{\mathcal{G}} \mathcal{U}_z$, 且 $\Lambda_1 = \mathrm{Ind}_{\mathcal{Z}}^{\mathcal{G}} \Lambda_{1,z}$. 在定理 1.3.9 中我们证明了映射 i 将 $\mathcal{U}_z \hat{\otimes}_{\mathbb{Z}_p} \mathbb{D}$ 同构地映到 $\Lambda_{1,z} = \mathrm{Ker}(j)$. 我们的断言是它的半局部版本, 又因为 Λ 在 Λ_z 上是自由的, 故而可由它推出.

对一般情况, 我们需要用 (3.2) 来定义 $i(\mathfrak{f})$. 取 $\mathfrak{g}$ 满足 $w_\mathfrak{g} = 1, \mathfrak{f} | \mathfrak{g}$. 容易验证 $\pi_{\mathfrak{g},\mathfrak{f}}(i(\mathfrak{g})(\beta)) = 0$ 当且仅当 $\mathrm{N}_{\mathfrak{g},\mathfrak{f}}\beta = 1$. 另一方面, $\mathrm{N}_{\mathfrak{g},\mathfrak{f}}$ 是满的. 为了验证它, 我们将从 $K(\mathfrak{g}\mathfrak{p}^n)$ 到 $K(\mathfrak{f}\mathfrak{p}^n)$ 的范分成两步 $K(\mathfrak{g}\mathfrak{p}^n) \to K(\mathfrak{g})K(\mathfrak{f}\mathfrak{p}^n) \to K(\mathfrak{f}\mathfrak{p}^n)$ 来考虑. 第一步在 $\mathfrak{p}$ 处是分歧的, 但仅仅是弱分歧的, 因为 (对充分大的 n) 它的次数是 $w_\mathfrak{f}$, 且 $(w_\mathfrak{f}, p) = 1$. 第二步在 $\mathfrak{p}$ 处是非分歧的. 无论哪种情况范在主单位上都是满的. 因此 $\mathrm{N}_{\mathfrak{g},\mathfrak{f}}$ 为满的并且存在唯一的方式来定义 $i(\mathfrak{f})$ 使得 (3.2) 仍然交换. 从上面的讨论还可以看出 (3.3) 也是对的. $\qquad\square$

3.1.3 群 $\mathcal{C}_\mathfrak{f}$:

令 $\mathfrak{f}$ 为 K 中任意整理想, $C_n = C_{\mathfrak{f}\mathfrak{p}^n}$ 为导子 $\mathfrak{f}\mathfrak{p}^n$ 中本原 Robert 单位群, 其中 $n \geqslant 1$. 回忆一下它们的定义 (见定义 2.2.10). 如果 $\mathfrak{f} \neq (1)$, 则每个 $\Theta(1; \mathfrak{f}\mathfrak{p}^n, \mathfrak{a})$ 都是 $K(\mathfrak{f}\mathfrak{p}^n) = F_n$ 中某个单位的 12 次幂, 其中 $(\mathfrak{a}, 6\mathfrak{f}\mathfrak{p}) = 1$. 定义 $\Theta_{12}(1; \mathfrak{f}\mathfrak{p}^n, \mathfrak{a})$ 为这样的一个单位. 群 C_n 由 $\Theta_{12}(1; \mathfrak{f}\mathfrak{p}^n, \mathfrak{a})$ 以及 F_n 中的单位根生成, 其中 $(\mathfrak{a}, 6\mathfrak{f}\mathfrak{p}) = 1$. 如果 $\mathfrak{f} = (1)$, 则 $\Theta(1; \mathfrak{p}^n, \mathfrak{a})$ 的 12 次根 $\Theta_{12}(1; \mathfrak{p}^n, \mathfrak{a})$ 仍然在 F_n 中, 但不再是单位了. 形如 $\prod \Theta_{12}(1; \mathfrak{p}^n, \mathfrak{a})^{m(\mathfrak{a})}$ 的乘积是一个单位当且仅当 $\sum m(\mathfrak{a})(\mathbf{N}\mathfrak{a} - 1) = 0$ (参见练习 2.2.6), 其中 $(\mathfrak{a}, 6\mathfrak{p}) = 1$. 我们令 C_n 为由所有这种形状的乘积以及 F_n 的单位根生成的群. 两种情况下 C_n 均为 Galois 稳定的, 并且满足模单位根 $\mathrm{N}_{m,n}C_m \equiv C_n$ (命题 2.2.7(i)). 注意因为我们假设 $p > 2$, 且 p 在 K 中是分裂的, 所以 $w_\mathfrak{p} = 1$. 令 $\overline{C}_n$ 为 C_n 在 $U_n \times V_n$ 中的闭包, $\langle \overline{C}_n \rangle$ 为其在 U_n 中的投影, 且

$$\mathcal{C}_\mathfrak{f} = \varprojlim \langle \overline{C}_n \rangle \subset \mathcal{U}(\mathfrak{f}). \tag{3.4}$$

命题 3.1.4 映射 $i : \mathcal{U}(\mathfrak{f}) \to \Lambda$ 诱导一个同构

$$i : \mathcal{C}_\mathfrak{f} \hat{\otimes}_{\mathbb{Z}_p} \mathbb{D} \simeq \begin{cases} \mu(\mathfrak{f})\Lambda_0, & \mathfrak{f} \neq (1), \\ \mu(1)\Lambda_{00}, & \mathfrak{f} = (1), \end{cases} \tag{3.5}$$

其中 $\mu(\mathfrak{f})$ 是定理 2.4.11 中构造的测度.

注记 3.1.5 (i) 如果 $\mathfrak{f} \neq (1)$, 则 $\mathcal{C}_\mathfrak{f}$ 可以由 $\mathcal{U}(\mathfrak{f})$ 中 $\beta(\mathfrak{a})$ 的 12 次根生成, 其中 $(\mathfrak{a}, 6\mathfrak{f}\mathfrak{p}) = 1$. 如果 $(p, 6) = 1$, 则不用求出 12 次根. 如果 $\mathfrak{g} = \mathfrak{f}\mathfrak{l}$, 其中 $\mathfrak{l}$ 为素理想, 且 $\mathfrak{f} \neq (1)$, 则命题 2.2.7(i) 表明

$$\mathrm{N}_{\mathfrak{g},\mathfrak{f}}\mathcal{C}_\mathfrak{g} = \begin{cases} \mathcal{C}_\mathfrak{f}^{1 - \sigma_\mathfrak{l}^{-1}}, & \text{若 } \mathfrak{l} \nmid \mathfrak{f}, \\ \mathcal{C}_\mathfrak{f}, & \text{若 } \mathfrak{l} \mid \mathfrak{f}. \end{cases} \tag{3.6}$$

对比 (2.91) 和 (3.5). 如果 $\mathfrak{f} = (1)$, 则 $\mathrm{N}_{\mathfrak{l},(1)}\mathcal{C}_\mathfrak{l} \subset \mathcal{C}_{(1)}$.

(ii) $\mu(1)$ 仅仅是一个伪测度, 但是对增广理想中任意 λ, 有 $\mu(1) \cdot \lambda \in \Lambda$ (参考

定理 2.4.11(iii)).

证明 回忆第二章 §2.4 中符号, 当 $w_{\mathfrak{f}} = 1$ 时, $i(\beta(\mathfrak{a})) = \mu_{\mathfrak{a}} = 12 \cdot \mu(\mathfrak{f}) \cdot (\sigma_{\mathfrak{a}} - \mathbf{N}\mathfrak{a})$. 我们的断言可以由此以及 $C_{\mathfrak{f}}$ 和 Λ_0 的定义得到. 在少数情况下, 即当 $\mathfrak{f} \neq (1)$ 但是 $w_{\mathfrak{f}} > 1$ 时, 对某个充分大的 m 将 $\mathfrak{f}$ 替换为 $\mathfrak{g} = \mathfrak{f}^m$, 并利用 (3.6) 以及 (2.91) 将 (3.5) 从 $\mathfrak{g}$ 下推到 $\mathfrak{f}$.

如果 $\mathfrak{f} = (1)$, 情况就完全不一样了, 因为现在 $e_n(\mathfrak{a}) = \Theta(1; \mathfrak{p}^n, \mathfrak{a}) \notin C_n$. 利用练习 2.2.6 我们可以推出 $\prod e_n(\mathfrak{a})^{m(\mathfrak{a})}$ 为单位当且仅当 $\sum m(\mathfrak{a})(\sigma_{\mathfrak{a}} - \mathbf{N}\mathfrak{a})$ 属于增广理想, 换句话说 $\sum m(\mathfrak{a})(1 - \mathbf{N}\mathfrak{a}) = 0$. 这就解释了为什么在 (3.5) 中我们将 Λ_0 替换为 Λ_{00}. 结论剩余的部分就与前面 ($\mathfrak{f} \neq (1)$) 的情况一样了. □

推论 3.1.6 映射 i 诱导一个同构

$$\mathcal{U}(\mathfrak{f})/C_{\mathfrak{f}} \hat{\otimes}_{\mathbb{Z}_p} \mathbb{D} \cong \begin{cases} \Lambda_1/\mu(\mathfrak{f})\Lambda_0, & \mathfrak{f} \neq (1), \\ \Lambda_1/\mu(1)\Lambda_{00}, & \mathfrak{f} = (1). \end{cases} \tag{3.7}$$

特别地, $\mathcal{U}(\mathfrak{f})/C_{\mathfrak{f}}$ 是一个 Noether $\mathbb{Z}_p[[\mathcal{G}]]$ 挠模 (换句话说, 它被环中某个非零因子零化).

值得注意的是 $\Lambda_1 \subseteq \Lambda_0$, 因此除非 $\Lambda_1 = \Lambda_0$, 否则 $\mu(\mathfrak{f})$ 不是一个单位. 特别地, 如果 F_∞ 中没有 p 幂的单位根, 但是 $F_{\infty,\mathfrak{p}}$ 中有某些 p 幂的单位根, 则 $\mu(\mathfrak{f})$ 是不可逆的. 注意在这种情况下, 利用第一章 ◇ 1.3.6 段中语言, 第二章 ◇ 2.4.1 段中任意 E 在 $\mathfrak{p}$ 上都是反常的 (意为是 $\widehat{E}$ 反常的).

同时还要注意, 当 $\mathfrak{f} = (1)$ 时, $F_{\infty,\mathfrak{p}}$ 中没有非平凡 p 幂的单位根, 因此 $\Lambda_1 = \Lambda_0 = \Lambda$, 并且 Λ_{00} 为增广理想.

3.1.4 测度 $\mu(\mathfrak{f})$ 会失去整除 $\mathfrak{f}$ 的素点处的 Euler 因子 (第二章 §2.4 (2.91)). 因不能使它们恢复为 $\mu(\mathfrak{f})$, 我们在 (3.7) 的左边考虑一个不同的模以改进这种情况.

对 $\mathfrak{f}$ 的任意因子 $\mathfrak{g}$, 有 $C_{\mathfrak{g}} \subset \mathcal{U}(\mathfrak{g}) \subset \mathcal{U}(\mathfrak{f})$, 以及 $\mathrm{N}_{\mathfrak{f},\mathfrak{g}} C_{\mathfrak{f}} \subset C_{\mathfrak{g}}$, 其中 $\mathrm{N}_{\mathfrak{f},\mathfrak{g}}$ 表示 $K(\mathfrak{f}\mathfrak{p}^\infty)$ 到 $K(\mathfrak{g}\mathfrak{p}^\infty)$ 的范. 实际上如果 (3.6) 中 $\mathfrak{f}$ 和 $\mathfrak{g}$ 被相同的素理想整除, 则等式是普遍成立的.

定义 3.1.7 $K(\mathfrak{f}\mathfrak{p}^\infty)/K$ 中椭圆单位的 Iwasawa 模是

$$\mathcal{C}(\mathfrak{f}) = \prod_{\mathfrak{g}|\mathfrak{f}} C_{\mathfrak{g}}.$$

如果 $\mathfrak{f}$ 是 $K(\mathfrak{f})$ 中的导子, 我们将 $C_{\mathfrak{f}}$ 看作 $\mathcal{C}(\mathfrak{f})$ 的 **本原** (或新) 部分.

3.1.5 基本正合列: 令 E_n 为 F_n 中的整体单位, $\overline{E}_n$ 为其在 $U_n \times V_n$ 中的闭包,

$\langle \overline{E}_n \rangle$ 为 $\overline{E}_n$ 在 U_n 中的投影. 令

$$\mathcal{E}(\mathfrak{f}) = \varprojlim \langle \overline{E}_n \rangle \subset \mathcal{U}(\mathfrak{f}). \tag{3.8}$$

我们有包含链

$$\begin{cases} \overline{C}_n \subset \cdots \subset \overline{E}_n \subset U_n \times V_n, \\ \mathcal{C}_{\mathfrak{f}} \subset \mathcal{C}(\mathfrak{f}) \subset \mathcal{E}(\mathfrak{f}) \subset \mathcal{U}(\mathfrak{f}). \end{cases} \tag{3.9}$$

令 M_n 为 F_n 中在 $\mathfrak{p}$ (之上的素理想) 之外非分歧的极大 Abel pro-p 扩张. 对于 $n \geqslant 1$, 令

$$\mathcal{X}_n = \mathrm{Gal}(M_n/F_n), \quad \mathcal{X} = \mathcal{X}(\mathfrak{f}) = \mathrm{Gal}(M_\infty/F_\infty). \tag{3.10}$$

第一个是 $\mathbb{Z}_p[\mathrm{Gal}(F_n/K)]$ 模, 第二个是拓扑 $\mathbb{Z}_p[[\mathcal{G}]]$ 模. 明显地 $M_\infty = \bigcup M_n$.

由类域论得出以下正合列

$$0 \to U_n/\langle \overline{E}_n \rangle \xrightarrow{a} \mathcal{X}_n \to \mathcal{W}_n \to 0, \tag{3.11}$$

其中, $\mathcal{W}_n = \mathrm{Gal}(L_n/F_n)$ 是 F_n 的极大非分歧 Abel p 扩张 (即 Hilbert p 类域) 的 Galois 群. 单射 a 为 (idelic) Artin 符号. 对 (3.11) 关于 n 取投射极限即得

$$0 \to \mathcal{U}(\mathfrak{f})/\mathcal{E}(\mathfrak{f}) \to \mathcal{X}(\mathfrak{f}) \to \mathcal{W}(\mathfrak{f}) \to 0. \tag{3.12}$$

我们将 (3.12) 改写成含有四项的正合列

$$0 \to \mathcal{E}(\mathfrak{f})/\mathcal{C}(\mathfrak{f}) \to \mathcal{U}(\mathfrak{f})/\mathcal{C}(\mathfrak{f}) \to \mathcal{X}(\mathfrak{f}) \to \mathcal{W}(\mathfrak{f}) \to 0. \tag{3.13}$$

此想法是: $\mathcal{U}/\mathcal{C}$ 在某种程度上更好理解, 至少在 L 函数的层面比 $\mathcal{U}/\mathcal{E}$ 好理解.

"主猜想" 将 $\mathcal{U}(\mathfrak{f})/\mathcal{C}(\mathfrak{f})$ 和 $\mathcal{X}(\mathfrak{f})$ 作为 $\mathcal{G}$ 的表示空间做比较. 作为 $\mathbb{Z}_p[[\mathcal{G}]]$ 模, 它们均是挠的和 Noether 的. 对于 $\mathcal{U}/\mathcal{C}$, 这已经验证过了, 并且关于 $\mathcal{W}(\mathfrak{f})$, 一个熟知的事实是它在任意 $\mathbb{Z}_p$ 扩张上也成立 ([78] §13.3). (3.13) 的正合性表明这对于 $\mathcal{X}(\mathfrak{f})$ 也成立.

3.1.6 令 K_∞ 为 K 在 $\mathfrak{p}$ 之外非分歧的唯一 $\mathbb{Z}_p$ 扩张, $\Gamma' = \mathrm{Gal}(K_\infty/K)$, $H' = \mathrm{Gal}(F_\infty/K_\infty)$, 并取定同构

$$\mathcal{G} \simeq H' \times \Gamma'$$

使得 H' 的特征可以自然地看作 $\mathcal{G}$ 的特征. 如果 $K(1) \cap K_\infty = K_t$ ($[K_t : K] = p^t$), 则限制到 K_∞ 上, Γ 在 Γ' 中的像为 Γ'^{p^t}.

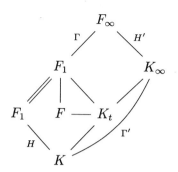

令 $\mathbb{D}'$ 为由 $\hat{H}'$ 上所有 χ 的值生成的 $\mathbb{D}$ 的有限扩张. 我们想根据 $\chi \in \hat{H}'$ 来分解 (3.13) 中的模, 并将其作为 $\mathbb{D}'[[\Gamma']]$ 模研究每一分量. 如果 $p \nmid [F:K]$, 则 $H = H'$, $\Gamma = \Gamma'$, $\mathbb{D} = \mathbb{D}'$ 并且任意 $\mathbb{D}[[\mathcal{G}]]$ 模 M 自动分解为它的 χ-分支 M^χ 的直和. 一般来说, 我们将 $\mathbb{D}'[[\Gamma']]$ 通过 χ 看作 $\Lambda = \mathbb{D}[[\mathcal{G}]]$ 模, 其中 χ 可扩展成群代数的同态. 令

$$M_\chi = M \otimes_{\Lambda,\chi} \mathbb{D}'[[\Gamma']] \tag{3.14}$$

为 H' 通过 χ (系数扩张到 $\mathbb{D}'$) 作用在 M 上的最大商.

回忆 ([78] §13.2) 关于 $\mathbb{D}'[[\Gamma']]$ 模的结构定理. 若此模是有限长度, 则称其是**伪零的**. M 和 M' 是**伪同构的**, 如果存在正合列

$$0 \to \varepsilon \to M \to M' \to \varepsilon' \to 0,$$

其中 ε 和 ε' 是伪零的. 如果 M 和 M' 是 Noether 的且是挠的, 则这是一个等价关系. 每一个 Noether 挠模 M 伪同构于一个**初等模**

$$E = \prod_{1 \leqslant i \leqslant r} \mathbb{D}'[[\Gamma']]/(f_i). \tag{3.15}$$

理想 $(\prod f_i)$ 是 M 的不变量, 称为它的**特征理想**. 它的任意生成元都称为 M 的**特征幂级数** (这个术语源于 $\mathbb{D}'[[\Gamma']] \cong \mathbb{D}'[[X]]$, 参考第一章　1.3.1 段). 我们将此特征理想记作 char.(M).

如果 M 的 p-挠子模是伪零的, 则 M_χ 伪同构于 M^χ, 其是 M 的最大子模使得 H' 通过 χ 作用其上. 我们将会在后面看到 $\mathcal{X}(\mathfrak{f})$ 正是此种情形.

猜想 3.1.8 (主猜想)[1]　令 $\mathfrak{f}$ 为任意整理想, 如前所述固定一个分解 $\mathcal{G}(\mathfrak{f}) \simeq H' \times \Gamma'$, 则对任意 $\chi \in \hat{H}'$,

$$\mathrm{char.}(\mathcal{U}(\mathfrak{f})/\mathcal{C}(\mathfrak{f}))_\chi = \mathrm{char.}\mathcal{X}(\mathfrak{f})_\chi. \tag{3.16}$$

---

[1]此情形下的主猜想已经由 K. Rubin 解决, 参考文献 [58].

以推论 3.1.6 的观点来看下面的引理或多或少是明显的. 令 $\mu(\mathfrak{f}; \chi) = \chi(\mu(\mathfrak{f})) \in \mathbb{D}'[[\Gamma']]$.

引理 3.1.9　假设 $\mathfrak{f}_\chi$ 等于 $\mathfrak{g}$ 或者 $\mathfrak{gp}$, 其中 $\mathfrak{g}|\mathfrak{f}$, 则

$$\text{char.}(\mathcal{U}(\mathfrak{f})/\mathcal{C}(\mathfrak{f}))_\chi = \begin{cases} \mu(\mathfrak{g}; \chi), & \chi \neq 1, \\ (\gamma_0 - 1)\mu(1;1), & \chi = 1, \end{cases} \tag{3.17}$$

其中 γ_0 是 Γ' 的一个拓扑生成元.

证明　考虑映射 $\chi \circ i(\mathfrak{f}) : \mathcal{U}(\mathfrak{f})\hat{\otimes}\mathbb{D}' \to \mathbb{D}'[[\Gamma']]$. 我们断言 $\chi \circ i(\mathfrak{f})(\mathcal{C}(\mathfrak{f})\hat{\otimes}\mathbb{D}') \subset \chi \circ i(\mathfrak{g})(\mathcal{C}_\mathfrak{g}\hat{\otimes}\mathbb{D}')$ (这里我们将 χ 同时看作 $\mathcal{G}(\mathfrak{f})$ 和 $\mathcal{G}(\mathfrak{g})$ 上的特征), 并且这个包含映射的余核是伪零的. 实际上, 因为 χ 的导子为 $\mathfrak{g}$ 或者 $\mathfrak{gp}$, 所以 $\chi \circ i(\mathfrak{g})(\mathcal{C}_\mathfrak{g}) = \chi \circ i(\mathfrak{g})(\mathcal{C}(\mathfrak{g}))$. 同时, 命题 2.2.7 还表明 $N_{\mathfrak{f},\mathfrak{g}}\mathcal{C}(\mathfrak{f}) \subset \mathcal{C}(\mathfrak{g})$ (对比 (3.6), 这里我们需要对任意 $\mathfrak{h}|\mathfrak{f}$ 考虑 $N_{\mathfrak{f},\mathfrak{g}}\mathcal{C}_\mathfrak{h}$). 因此, $\chi \circ i(\mathfrak{f})(\mathcal{C}(\mathfrak{f})) = \chi \circ \pi_{\mathfrak{f},\mathfrak{g}} \circ i(\mathfrak{f})(\mathcal{C}(\mathfrak{f})) = \chi \circ i(\mathfrak{g}) \circ N_{\mathfrak{f},\mathfrak{g}}(\mathcal{C}(\mathfrak{f})) \subset \chi \circ i(\mathfrak{g})(\mathcal{C}(\mathfrak{g}))$, 这就证明了我们断言的一半. 为了说明这个商是伪零的, 注意它被 $[K(\mathfrak{fp}^\infty) : K(\mathfrak{gp}^\infty)] = m$ 零化 (因为 $\mathcal{C}(\mathfrak{g}) \subset \mathcal{C}(\mathfrak{f})$), 同时也被 $\prod(1 - \chi(\mathfrak{l})^{-1}\sigma_\mathfrak{l}|_{\Gamma'}^{-1})$ 所零化, 其中这个积走遍所有整除 $\mathfrak{f}$ 但不整除 $\mathfrak{g}$ 的理想 $\mathfrak{l}$ (因为 (3.6)). $\mathbb{D}'[[\Gamma']]$ 的这两个元素是互素的, 并且任意被两个互素元零化的 Noether 模是伪零的. 因此这个断言是成立的. 现在利用推论 3.1.6, 如果 $\mathfrak{g} \neq (1)$, 则证明完成了, 因为 Λ/Λ_0 和 Λ/Λ_1 是伪零的. 如果 $\mathfrak{g} = (1)$ 但是 $\chi \neq 1$, 则存在某个 $\tau \in H'$ 满足 $\chi(\tau) \neq 1$ 使得 $\chi(\Lambda_{00})$ 包含 $\chi(\tau) - 1$ 以及 $\gamma_0 - 1$. 这两个仍然是互素的, 因此 $\chi(\Lambda)/\chi(\Lambda_{00})$ 是伪零的. 我们顺带证明了 $\mu(1; \chi) \in \mathbb{D}'[[\Gamma']]$. 最后, 如果 $\chi = 1$, 则 $\chi(\Lambda_{00})$ 是 $\mathbb{D}'[[\Gamma']]$ 的增广理想, 它由 $\gamma_0 - 1$ 生成. □

推论 3.1.10　如果 $\chi \neq 1$, 主猜想等价于 $\mu(\mathfrak{g}; \chi)$ 是 $\mathcal{X}(\mathfrak{f})_\chi$ 的特征幂级数; 如果 $\chi = 1$, 则其等价于 $(\gamma_0 - 1)\mu(1;1)$ 是 $\mathcal{X}(\mathfrak{f})_\chi$ 的特征幂级数. 这里 $\mathfrak{g}$ 是 $\mathfrak{f}_\chi$ 与 $\mathfrak{p}$ 互素的部分.

尽管等式 (3.16) 和基本正合列 (3.13) 相比, 关系更清晰, 但是后面这个公式更实用, 因为 $\mu(\mathfrak{g}; \chi)$ 不是别的, 恰好是 χ^{-1} 限制到 $\text{Gal}(K_\infty/K)$ 的特征的 p 进 L 函数. 利用第二章 ⋄ 2.4.13 段的符号, 对 Γ' 的任意 p 进特征 ρ ("第二类型" 的特征) 有

$$L_{p,\mathfrak{g}}(\chi^{-1}\rho^{-1}) = \int_{\mathcal{G}(\mathfrak{g})} \chi\rho \, d\mu(\mathfrak{g}) = \int_{\Gamma'} \rho \, d\mu(\mathfrak{g}; \chi). \tag{3.18}$$

如前所述, 我们会在下一节看到 $\mathcal{X}(\mathfrak{f})$ 作为 $\mathbb{Z}_p$ 模是有限秩自由模; 另一方面, $\mu(\mathfrak{g}; \chi)$ (或者 $(\gamma_0 - 1)\mu(1;1)$, 当 $\chi = 1$) 不被 $\mathbb{D}'$ 的参数整除. 由 Iwasawa 模的一般理论来看, 主猜想可以归结为下述描述:

在有限维向量空间 $\mathcal{X}(\mathfrak{f})\otimes\mathbb{Q}$ 作用的 $\mathcal{G}(\mathfrak{f})$ 的本征特征 (eigencharacter) 恰是那些使得 (3.18) 等于零的 $\varepsilon = \chi\rho$. 换句话说, 它们是导子整除 $\mathfrak{f}$ 的 (本原) p 进 L 函数的零点的倒数.

可以与本章开头的讨论做个对比.

从某个方面来讲, 主猜想说如果知道 p 进 L 函数的一个零点, 我们就可以构造 F_∞ 的一个 Abel p 扩张, 使得 $H' \times \Gamma'$ 按照规定的方式作用其上, 且它在 $\mathfrak{p}$ 外是非分歧的. 我们应该怎么来构造这样一个扩张呢? 一个自然的方法是通过带复乘 K 的椭圆曲线上的 **Kummer 理论**. 主猜想因而密切地关联到这些曲线的算术, 即下一章将要处理的主题.

3.1.7 平凡特征:
由于我们对 $\mathcal{X}(\mathfrak{f})$ 的匮乏了解, 因此任何部分结果都是值得期待的. 我们将会证明至少在平凡特征 (在 (3.18) 中 $\chi = \rho = 1$) 的情况下, 主猜想是成立的.

命题 3.1.11 (i) $\mu(1)$ 在平凡特征处有一个真正的极点.
(ii) $\rho = 1$ 不是 char.$\mathcal{X}(1)_1$ 的零点.

证明 (i) 这是对推论 2.5.3 的一个重述. (ii) 如果 $\rho = 1$ 是 $\mathcal{X}(1)_1$ 的一个零点, 则存在 $F_\infty = K(\mathfrak{p}^\infty)$ 的一个 $\mathbb{Z}_p$ 扩张, 使得 $\mathrm{Gal}(F_\infty/K)$ 在其上作用是平凡的, 并且在 $\mathfrak{p}$ 外是非分歧的. 从而也存在一个这种类型的 K_∞ 之上的 $\mathbb{Z}_p$ 扩张 N. 但是这个 N 在 K 上是 Abel 的, 因为它是 pro-循环群的一个平凡 Abel 扩张, 这是不可能的. □

类似地, 我们可以利用一个事实即 Leopoldt 猜想对于 K 的 Abel 扩张成立 [7] 来证明下面命题.

命题 3.1.12 令 ε 为 K 的一个有限阶的特征, $\varepsilon \neq 1$, 且 $\mathfrak{f}$ 是 $\mathfrak{f}_\varepsilon$ 的与 $\mathfrak{p}$ 互素的部分, 则:
(i) $\int_{\mathcal{G}(\mathfrak{f})} \varepsilon \, d\mu(\mathfrak{f}) \neq 0$.
(ii) ε 不出现在 $\mathcal{G}(\mathfrak{f})$ 在 $\mathcal{X}(\mathfrak{f})$ 的表示中.

下面 Greenberg 的结果将会在后面用来证明 $\mathcal{X}(\mathfrak{f})$ 的 p-挠部分是平凡的.

定理 3.1.13 ([27] §4 末尾) $\mathbb{Z}_p[[\mathcal{G}]]$ 模 $\mathcal{X}(\mathfrak{f})$ 没有非平凡有限子模 (有限指有限基数).

3.1.8 "双变量" 的主猜想:
当 $\mathfrak{f}$ 替换为 $\mathfrak{f}\bar{\mathfrak{p}}^\infty$, 可记
$$\mathcal{G}(\mathfrak{f}\bar{\mathfrak{p}}^\infty) \simeq H' \times \Gamma_1 \times \Gamma_2, \tag{3.19}$$

其中 Γ_1 (相应地, Γ_2) 是 K 的在 $\mathfrak{p}$ (相应地, $\bar{\mathfrak{p}}$) 外非分歧的唯一 $\mathbb{Z}_p$ 扩张的 Galois

群. 对测度 $\mu(\mathfrak{f}\bar{\mathfrak{p}}^n)$ 取逆极限, 我们得到 $\mathcal{G}(\mathfrak{f}\bar{\mathfrak{p}}^\infty)$ 上的一个测度 $\nu(\mathfrak{f}) = \mu(\mathfrak{f}\bar{\mathfrak{p}}^\infty)$ (参见第二章定理 2.4.15), 并且对任意 $\chi \in \hat{H}'$,

$$\chi(\nu(\mathfrak{f})) = \nu(\mathfrak{f}; \chi) \in \mathbb{D}'[[\Gamma_1 \times \Gamma_2]]. \tag{3.20}$$

Γ 模的结构理论很容易推广到 $\Gamma_1 \times \Gamma_2$ 模 ([17] §1 和第四章 $\diamond$ 4.3.3 段) 并且我们可以对任意 $\chi \in \hat{H}'$ 做出猜想,

$$\nu(\mathfrak{f}; \chi) = \text{char}.\mathcal{X}(\mathfrak{f}\bar{\mathfrak{p}}^\infty)_\chi, \tag{3.21}$$

这里 $\mathfrak{f}$ 是 $\mathfrak{f}_\chi$ 的与 p 互素的部分.

3.2　Iwasawa 不变量

3.2.1　我们保留前面一节的符号和假设. 特别地, 和 $\diamond$ 3.1.6 段中一样, 我们固定一个分解 $\mathcal{G}(\mathfrak{f}) \simeq H' \times \Gamma'$. 回忆一下, 任意 $h \in \mathbb{D}'[[\Gamma']]$ 可以唯一写成 Weierstrass 形式:

$$h = \pi^m h_w u, \tag{3.22}$$

其中 π 是 $\mathbb{D}'$ 的单值参数, m 是一个非负整数, h_w 是首一多项式, 它的所有系数除了首项外都被 π 整除, 且 u 是一个单位. 令 e 为 $\mathbb{D}'$ 的绝对分歧指数. 不变量

$$\mu\text{-inv}(h) = \frac{m}{e}, \quad \lambda\text{-inv}(h) = \deg h_w \tag{3.23}$$

被称为 **Iwasawa 不变量**. 如果 M 是一个 Noether $\mathbb{D}'[[\Gamma']]$ 挠模, 我们将 $\text{char}.(M)$ 的不变量作为 M 的不变量. 如果 $M = M_0 \hat{\otimes} \mathbb{D}'$ 是由一个 $\mathbb{Z}_p[[\Gamma']]$ 模的标量扩张得到的, 则它的不变量恰好和 M_0 的一致 (这里留给读者定义).

令 $f_\chi = \text{char}.\mathcal{X}(\mathfrak{f})_\chi$, $g_\chi = \text{char}.(\mathcal{U}(\mathfrak{f})/\mathcal{C}(\mathfrak{f}))_\chi$ 为主猜想 3.1.8 中刻画的两个幂级数, 其中 $\chi \in \hat{H}'$. 下面我们将会证明主猜想 3.1.8 的一个推论:

定理 3.2.1　$\mathcal{X}(\mathfrak{f})$ 与 $\mathcal{U}(\mathfrak{f})/\mathcal{C}(\mathfrak{f})$ 的 μ 不变量之和以及 λ 不变量之和分别相等:

$$\begin{aligned}
\sum_\chi \mu\text{-inv}(f_\chi) &= \sum_\chi \mu\text{-inv}(g_\chi), \\
\sum_\chi \lambda\text{-inv}(f_\chi) &= \sum_\chi \lambda\text{-inv}(g_\chi).
\end{aligned} \tag{3.24}$$

事实上, μ 不变量在 (3.34) 中消失, 但是这对于 g_χ 已经证明了, 并且 f_χ 需要

用到 (3.24).

除了给出猜想 3.1.8 的证据外, (3.24) 还将它的证明转化为对所有 χ 来证明 $g_\chi | f_\chi$ (或者其他方式). 在分圆理论中, 这一相同的现象让 Mazur 和 Wiles 从 "$g_\chi | f_\chi$" 类型的结果中得到了分圆主猜想.

(3.24) 的证明如下进行. 令 f 为 $\mathcal{X}(\mathfrak{f})$ 的特征幂级数, 其中 $\mathcal{X}(\mathfrak{f})$ 看作 Γ' 模, 且 $g = \prod g_\chi$. 我们将分别计算 f 和 g 的不变量, 在前一情况下使用类域论, 在后一情况下使用解析类数公式, 并得出它们相等的结论. 引用 Gillard [21] 关于 g 的 μ 不变量消失的重要结果, 我们得到 $\mathcal{X}(\mathfrak{f})$ 的 p 挠部分是有限的, 因此由定理 3.1.13 知它是平凡的. 但是这样每个 $\mathcal{X}(\mathfrak{f})_\chi$ 的 μ 不变量也会消失, 并且 $f = \prod f_\chi$. 这就证明了等式 (3.24).

3.2.2 对任意群 G, 以及任意 G 模 X, 令 X_G 为 G 余不变量模, 即使得 G 在其上作用平凡的 X 的最大的商. 令 $\Gamma_n = \Gamma^{p^n} = \Gamma'^{p^{t+n}} = \mathrm{Gal}(F_\infty / F_{n+1})$ $(n \geqslant 0)$,

$$\mathrm{Gal}(M_{n+1}/F_\infty) = \mathcal{X}(\mathfrak{f})_{\Gamma_n}, \tag{3.25}$$

这是因为 M_n 是 M_∞ 中 F_n 的极大 Abel 扩张. 为了找到 $\mathcal{X}(\mathfrak{f})$ 的 λ 和 μ 不变量, 按照 Coates-Wiles [12] 的思路, 下面我们需要在 (3.33) 中计算 (3.25) 的阶. 接下来, 我们利用下面的 Iwasawa ([78] §13.3) 基本引理:

引理 3.2.2 令 X 为 Noether 挠 $\mathbb{Z}_p[[\Gamma']]$ 模, f 为它的特征幂级数. 假设 X_{Γ_n} $(\Gamma_n = \Gamma'_{t+n})$ 对所有 n 都是有限的, 则存在一个常数 ν 使得对足够大的 n 有

$$\mathrm{length}(X_{\Gamma_n}) = \mu\text{-inv}(f) \cdot p^{t+n} + \lambda\text{-inv}(f) \cdot n + \nu. \tag{3.26}$$

(不变量是作为 Γ' 模的. 当我们将 Γ' 变为 $\Gamma = \Gamma'_t$ 时, λ 不变量不改变, μ 不变量需要乘以 p^t. 在这种情况下, 长度就是 $\mathrm{ord}_p \sharp(X_{\Gamma_n})$, 因为我们还没有将系数扩张到 $\mathbb{D}'$.)

3.2.3 p **进调控子 (regulator):** 令 F 为 K 的任意 d 次扩张. 令 $\sigma_1, \cdots, \sigma_d$ 为 F 到 $\mathbb{C}_p$ 中的嵌入, 在 K 上诱导出 $\mathfrak{p}$. 令 E 为 F 的单位群中有限指数的子群, 取 E/E_{tor} 的生成元 $e_1, \cdots, e_{d-1}$. 令 $\log$ 表示 p 进对数.

定义 3.2.3 E 的 p 进调控子为:

$$R_\mathfrak{p}(E) = \det(\log \sigma_i(e_j))_{1 \leqslant i,j \leqslant d-1}. \tag{3.27}$$

以上定义在相差一个符号下是合理的, 因为对 $e \in E$ 有 $\log N_{F/K}(e) = 0$. 如果我

们令 $\varepsilon_d = 1 + p$, 我们得到 (将前面的 $d-1$ 行加到最后一行):

$$R_{\mathfrak{p}}(E) = (d \log \varepsilon_d)^{-1} \cdot \det(\log \sigma_i(e_j))_{1 \leqslant i,j \leqslant d}. \tag{3.28}$$

因为我们假设 F/K 是 Abel 扩张, Leopoldt 猜想成立, 也就意味着,

定理 3.2.4 (Baker-Brumer [7]). $R_{\mathfrak{p}}(E) \neq 0$.

我们将记 $\mathrm{disc}_{\mathfrak{p}}(F/K)$ 为相对判别式的 $\mathfrak{p}$-部分. 它是 K 的一个理想, 且为 $\mathfrak{p}$ 的某个幂次.

3.2.4 对 F 的每一个位于 $\mathfrak{p}$ 之上的素理想 $\mathfrak{P}$, 令 $w_{\mathfrak{P}}$ 为局部域 $F_{\mathfrak{P}}$ 中 p 幂次单位根的个数. 令 $\Phi = F \otimes K_{\mathfrak{p}} = \prod F_{\mathfrak{P}}$, 且令 U 为 Φ 中的主单位群 (对比 ◇ 2.4.1 段). p 进对数给出一个同态 $\log : U \to \Phi$, 其核的阶为 $\prod w_{\mathfrak{P}}$ (这里对于所有 $\mathfrak{P} | \mathfrak{p}$, $w_{\mathfrak{P}}$ 实际上是相等的). 像 $\log(U)$ 是 Φ 的一个开子群.

令 E 为 $\mathcal{O}_F^\times$ 的一个有限指数的子群, 且 $D = E \cdot \langle 1 + p \rangle$. 令 $\bar{D}$ 为它在 Φ 的单位中的闭包, $\langle \bar{D} \rangle$ 为 $\bar{D}$ 在 U 中的投影.

引理 3.2.5 $\log(\langle \bar{D} \rangle)$ 在 $\log(U)$ 中的指数是有限的, 并由下式给出:

$$\mathrm{ord}_p[\log(U) : \log(\langle \bar{D} \rangle)] = \mathrm{ord}_{\mathfrak{p}} \left(\frac{dp R_{\mathfrak{p}}(E)}{\sqrt{\mathrm{disc}_{\mathfrak{p}}(F/K)}} \cdot \prod_{\mathfrak{P} | \mathfrak{p}} (w_{\mathfrak{P}} \mathbf{N} \mathfrak{P})^{-1} \right). \tag{3.29}$$

证明 参见 [12] 引理 8. □

推论 3.2.6 令 $w(E)$ 为 E 中单位根的个数, 则有

$$\mathrm{ord}_p[U : \langle \bar{D} \rangle] = \mathrm{ord}_{\mathfrak{p}} \left(\frac{dp R_{\mathfrak{p}}(E)}{w(E) \sqrt{\mathrm{disc}_{\mathfrak{p}}(F/K)}} \cdot \prod_{\mathfrak{P} | \mathfrak{p}} \mathbf{N} \mathfrak{P}^{-1} \right). \tag{3.30}$$

证明 直接由 (3.29) 可以得到 (参见 [12] 引理 9). □

3.2.5 我们回到定理 3.2.1 中考虑的情况. 利用 ◇ 3.1.5 段中的符号, Artin 符号诱导一个同构

$$U_n / \langle \overline{E}_n \rangle \cong \mathrm{Gal}(M_n / L_n). \tag{3.31}$$

注意, L_n (相应地, M_n) 是 F_n 的极大 Abel 非分歧 (相应地, 在 $\mathfrak{p}$ 外非分歧) p 扩张. 显然, $F_\infty \subset M_n$ 且 $L_n \cap F_\infty = F_n$.

令 $Y_n \subset U_n$ 为

$$Y_n / \langle \overline{E}_n \rangle \cong \mathrm{Gal}(M_n / L_n F_\infty) \tag{3.32}$$

的子群.

引理 3.2.7 $Y_n = \mathrm{Ker}(\mathrm{N}_{F_n/K}|_{U_n})$.

证明 范是指从 $\Phi_n = F_n \otimes K_{\mathfrak{p}}$ 到 $K_{\mathfrak{p}}$ 的. 如果 $u \in U_n$ 并且 $(u, F_\infty/F_n) = 1$, 则 $(\mathrm{N}_{F_n/K}u, F_\infty/K) = 1$, 从而伊代尔 $\mathrm{N}_{F_n/K}u$ 在 $\mathfrak{p}$ 之外是 1, 必定是 1. 这个讨论也可以证明相反的包含成立. $\square$

命题 3.2.8 ([12] 定理 11). 对包含 K 的任意域 F, 令 $h(F)$ 为其类数, $R_{\mathfrak{p}}(F)$ 为 $\mathcal{O}_F^\times$ 的 $\mathfrak{p}$ 进调控子. 令 w_F 为 F 的单位根的个数. 则在上面的情况下, M_n/F_∞ $(n \geqslant 1)$ 是一个有限扩张, 并且

$$\mathrm{ord}_p[M_n : F_\infty] = \mathrm{ord}_{\mathfrak{p}}\left\{ \frac{p^n h(F_n) R_{\mathfrak{p}}(F_n)}{w_{F_n} \cdot \sqrt{\mathrm{disc}_{\mathfrak{p}}(F_n/K)}} \cdot \prod_{\mathfrak{P}|\mathfrak{p}} (1 - \mathbf{N}\mathfrak{P}^{-1}) \right\}. \tag{3.33}$$

(这个积遍历 F_n 上所有素理想 $\mathfrak{P}$.)

证明 令 $p^\delta \| [F : K]$, 所以对 $n \geqslant 1$, $p^{n+\delta-1} \| [F_n : K]$. 令 $D_n = E_n \cdot \langle 1 + p \rangle$, 并注意到因为 $\mathrm{N}_{F_n/K}(E_n) = 1$, 所以 $\mathrm{N}_{F_n/K}(\langle \overline{D}_n \rangle) = 1 + p^{n+\delta} \mathcal{O}_{\mathfrak{p}}$. 由局部类域论, $\mathrm{N}_{F_n/K}(U_n) = 1 + \mathfrak{p}^n \mathcal{O}_{\mathfrak{p}}$. 考虑交换图

$$\begin{array}{ccccccccc}
0 & \longrightarrow & \langle \overline{E}_n \rangle & \longrightarrow & \langle \overline{D}_n \rangle & \longrightarrow & 1 + p^{n+\delta}\mathcal{O}_{\mathfrak{p}} & \longrightarrow & 0 \\
 & & \downarrow & & \downarrow & & \downarrow & & \\
0 & \longrightarrow & Y_n & \longrightarrow & U_n & \xrightarrow{\mathrm{N}_{F_n/K}} & 1 + p^n\mathcal{O}_{\mathfrak{p}} & \longrightarrow & 0
\end{array}$$

其中行是正合的, 列是单的. 因为 $d = [F_n : K]$ 恰好被 $p^{n+\delta-1}$ 所整除, (3.33) 可以由 (3.30), (3.32), 以及事实 $[L_n F_\infty : F_\infty] = [L_n : F_n]$ 等于 $h(F_n)$ 的 p 部分, 得到. $\square$

推论 3.2.9 令 f 为 Γ' 模 $\mathcal{X}(\mathfrak{f})$ 的特征幂级数. 则对 $n \gg 0$,

$$\mu\text{-inv}(f) \cdot p^{t+n-1}(p-1) + \lambda\text{-inv}(f)$$

$$= 1 + \mathrm{ord}_{\mathfrak{p}}\left\{ \frac{hR_{\mathfrak{p}}}{w\sqrt{\mathrm{disc}_{\mathfrak{p}}}}(F_{n+1}) \bigg/ \frac{hR_{\mathfrak{p}}}{w\sqrt{\mathrm{disc}_{\mathfrak{p}}}}(F_n) \right\}. \tag{3.34}$$

证明 由前面的命题, 等式的右边等于 $\mathrm{ord}_p([M_{n+1} : F_\infty]/[M_n : F_\infty])$. 现在利用 (3.25) 和引理 3.2.2 的 (3.26) 即可得到. $\square$

3.2.6 现在我们开始计算 p 进 L 函数 g_χ 的 Iwasawa 不变量. 令 $g = \prod g_\chi$, 其中积遍历 $\chi \in \widehat{H}'$. 我们有如下结果.

引理 3.2.10 对于 Γ' 的任意有限阶特征 ρ, 如果 $\rho(\Gamma'^{p^s}) = 1$, 且 $\rho(\Gamma'^{p^{s-1}}) \neq 1$, 则令 $\mathrm{level}(\rho) = s$. 对于 $n \gg 0$ 有

$$\mu\text{-inv}(g) \cdot p^{t+n-1}(p-1) + \lambda\text{-inv}(g) = \mathrm{ord}_p \left\{ \prod_{\mathrm{level}(\rho)=t+n} \rho(g) \right\}. \tag{3.35}$$

其中 ord_p 是 $\mathbb{C}_p$ 上由 $\mathrm{ord}_p(p) = 1$ 给出的正规赋值.

证明 我们需要适当放大 $\mathbb{D}'$ 使得 g 含有这里所有的零点. 这就将 (3.35) 的证明转换为两个特殊情况 $g = \pi$ ($\mathbb{D}'$ 的一个单值化参数) 及 $g = \gamma_0 - 1 - \alpha$ (γ_0 是 Γ' 的一个拓扑生成元, $|\alpha| < 1$). 这两种情况都是简单的练习. $\square$

命题 3.2.11 对 $\mathrm{Gal}(F_\infty/K)$ 的任意分歧特征 ε, 令 $\mathfrak{g} = \mathfrak{f}_\varepsilon$, $(g) = \mathfrak{g} \cap \mathbb{Z}$, 且

$$S_p(\varepsilon) = -\frac{1}{12gw_{\mathfrak{g}}} \cdot \sum_{C \in Cl(\mathfrak{g})} \varepsilon^{-1}(C) \log \varphi_{\mathfrak{g}}(C) \tag{3.36}$$

(对比 (2.117)). 定义 $G(\varepsilon)$ 与 (2.89) 一样. 令 A_n 为满足 $\mathfrak{p}^n \| \mathfrak{f}_\varepsilon$ 的所有 ε 的集合, 则对于足够大的 n,

$$\mathrm{ord}_p \left(\prod_{\varepsilon \in A_n} G(\varepsilon) S_p(\varepsilon) \right) = \mathrm{ord}_{\mathfrak{p}} \left[\frac{hR_{\mathfrak{p}}}{w\sqrt{\mathrm{disc}_{\mathfrak{p}}}}(F_n) \Big/ \frac{hR_{\mathfrak{p}}}{w\sqrt{\mathrm{disc}_{\mathfrak{p}}}}(F_{n-1}) \right]. \tag{3.37}$$

这个命题的证明将会在 $\diamond$ 3.2.7 段中给出. 在开始之前, 我们总结一下 f 和 g 的不变量相等的证明.

任意 $\varepsilon \in A_{n+1}$ 都可以写成 $\varepsilon = \chi\rho$, 其中 χ 是 H' 的特征, 且 ρ 是 Γ'/Γ'_{t+n} 的特征但不是 Γ'/Γ'_{t+n-1} 的. 定理 2.5.2 表明

$$\rho(g_\chi) = \int_{\mathcal{G}(\mathfrak{g}_0)} \chi\rho \, d\mu(\mathfrak{g}_0) = G(\varepsilon)S_p(\varepsilon), \quad \text{如果 } \chi \neq 1$$

($\mathfrak{g} = \mathfrak{f}_\varepsilon = \mathfrak{g}_0\mathfrak{p}^n$). 如果 $\chi = 1$, 我们类似地可以得到

$$\rho(g_\chi) = (\rho(\gamma_0) - 1)G(\varepsilon)S_p(\varepsilon),$$

其中 γ_0 是 Γ' 的拓扑生成元. 当我们对 $\varepsilon \in A_{n+1}$ 遍历取积时, 我们取 $\chi \in \widehat{H}'$, 级为 $t+n$ 的 $\rho \in \widehat{\Gamma}'$. 因此 (3.37) 得到

$$\prod_{\mathrm{level}(\rho)=t+n} \rho(g) \sim p \cdot \frac{hR_{\mathfrak{p}}}{w\sqrt{\mathrm{disc}_{\mathfrak{p}}}}(F_{n+1}) \Big/ \frac{hR_{\mathfrak{p}}}{w\sqrt{\mathrm{disc}_{\mathfrak{p}}}}(F_n), \tag{3.38}$$

其中 $\sim$ 是指 "相差一个 p 进单位". 这里我们利用事实 $\prod(\rho(\gamma_0)-1) = \prod(\zeta-1) \sim p$, 其中 ζ 遍历所有阶为 p^{n+t} 的本原单位根.

对比 (3.38) 和 (3.35), 以及 (3.34), 就可证明 f 和 g 具有相同不变量.

3.2.7 为了证明 (3.37), 首先观察到

$$\prod_{\varepsilon \in A_n} G(\varepsilon) \sim \{\text{disc}_{\mathfrak{p}}(F_{n-1}/K) \big/ \text{disc}_{\mathfrak{p}}(F_n/K)\}^{1/2}. \tag{3.39}$$

这就是 "导子–判别式公式" 在素理想 $\mathfrak{p}$ 处的局部化. 接下来仅需证明

$$\prod_{\varepsilon \in A_n} S_p(\varepsilon) \sim \frac{hR_{\mathfrak{p}}}{w}(F_n) \bigg/ \frac{hR_{\mathfrak{p}}}{w}(F_{n-1}). \tag{3.40}$$

为此, 对于分歧的 ε, 我们引入和式

$$S_\infty(\varepsilon) = -\frac{1}{12gw_{\mathfrak{g}}} \cdot \sum_{C \in Cl(\mathfrak{g})} \varepsilon^{-1}(C) \log |\varphi_{\mathfrak{g}}(C)|^2 \tag{3.41}$$

(这里对数是通常的对数, $\mathfrak{g}$ 和 g 如同 (3.36) 中). 如果 ε 是非分歧的, 但是非平凡的, 则令

$$S_p(\varepsilon) = \frac{1}{12h_K w_K} \cdot \sum_{C \in Cl(1)} \varepsilon^{-1}(C) \log \delta(C), \tag{3.42}$$

$$S_\infty(\varepsilon) = \frac{1}{12h_K w_K} \cdot \sum_{C \in Cl(1)} \varepsilon^{-1}(C) \log |\delta(C)|^2, \tag{3.43}$$

其中 $\delta(C)$ 是 Siegel 单位 ($\diamond$ 2.2.2 段).

令 $H_n = \text{Gal}(F_n/K)$, $I(H_n) = $ "$\mathbb{Z}[H_n]$ 中的增广理想", 选取 $I(H_n)$ 到 F_n 的单位 (作为 Galois 模) 的一个嵌入 η. 那么 η 的像是 E_n 中一个有限指数的子群 E_n'. 如果我们取

$$\Sigma_p(\varepsilon) = \sum_{\sigma \in H_n} \varepsilon^{-1}(\sigma) \log \eta(\sigma) \qquad (p \text{ 进对数}),$$

$$\Sigma_\infty(\varepsilon) = \sum_{\sigma \in H_n} \varepsilon^{-1}(\sigma) \log |\eta(\sigma)|^2 \qquad (\text{通常对数})$$

($\varepsilon \neq 1$), 则存在一个非零代数数 r_ε 使得

$$S_p(\varepsilon) = r_\varepsilon \cdot \Sigma_p(\varepsilon), \qquad S_\infty(\varepsilon) = r_\varepsilon \cdot \Sigma_\infty(\varepsilon). \tag{3.44}$$

现在, **解析类数公式**以及 Kronecker 定理 2.5.1 (由 Siegel 提出) 给出

$$\prod_{\varepsilon \neq 1, \varepsilon \in \widehat{H}_n} S_\infty(\varepsilon) = \alpha \cdot \frac{hR_\infty}{w}(F_n), \tag{3.45}$$

其中, α 是与 n 无关的常数. 这里 R_∞ 是普通的 (复) 调控子, h 是类数, w 是单位根的个数. 接下来的计算, ε 要遍历 $\mathrm{Gal}(F_n/K)$ 所有非平凡特征. 利用事实 $R_{\mathfrak{p}}(E_n')/R_{\mathfrak{p}}(E_n) = R_\infty(E_n')/R_\infty(E_n) = [E_n : E_n'\mu_{F_n}]$, 我们发现

$$\begin{aligned}
\prod S_p(\varepsilon) &= \prod \Sigma_p(\varepsilon) \cdot \left(\frac{S_\infty(\varepsilon)}{\Sigma_\infty(\varepsilon)}\right) \quad \text{(由 (3.44))} \\
&= R_{\mathfrak{p}}(E_n') \left(\frac{\prod S_\infty(\varepsilon)}{R_\infty(E_n')}\right) \quad \text{(Frobenius 行列式)} \\
&= R_{\mathfrak{p}}(E_n) \cdot \left(\frac{\prod S_\infty(\varepsilon)}{R_\infty(E_n)}\right) \\
&= \alpha \cdot \frac{hR_{\mathfrak{p}}}{w}(F_n) \quad \text{(由 (3.45))},
\end{aligned}$$

将这个表达式除以 $n-1$ 以及除以 n 我们便得到 (3.40).

在 [21] 中 R. Gillard 利用 W. Sinnott 的想法证明了下面的定理. (L. Schneps 也独立证明了同一结果.)

定理 3.2.12   ([21] §2.9). 固定一个分解 $\mathcal{G}(\mathfrak{f}) = H' \times \Gamma'$, 令 g_χ 为等式 (3.17) 的右边, 则 $\mu\text{-inv}(g_\chi) = 0 \ (\forall \chi \in \widehat{H}')$.

和开始解释的一样, 这就证明了定理 3.2.1. 同时还可得到

推论 3.2.13 $\mu\text{-inv}(f_\chi) = 0$ 对任意 $\chi \in \widehat{H}'$ 成立. $\mathcal{G}(\mathfrak{f})$-模 $\mathcal{X}(\mathfrak{f})$ 是有限秩自由 $\mathbb{Z}_p$ 模.

Gillard 定理是这样一个例子, 即一个纯代数的命题 (就像最后一个推论), 其证明却用分析的方法解决, 这在数论中很常见.

3.3   进一步的主题

在本小节, 我们对主猜想不加证明地给出一些注解.

3.3.1   理想类群中的关系: 根据 F. Thaine 的想法, K. Rubin 最近关于主猜想方面证明了一个引人注目的定理. 除此之外, 他还证明了在基本正合列 (3.13) 中, $\mathcal{E}/\mathcal{C}$ "支配" $\mathcal{W}$. 到目前为止, 结果取决于大量的简化的假设 (后面我们会进行描

述), 但这些假设似乎是可以移除的.

假设 K 的类数是 1, 定义在 K 上的椭圆曲线 E 带有复乘 $\mathcal{O}_K$, 导子为 $\mathfrak{f}$. 令 $p > 2$ 为分裂的素数, 具有好的约化. 考虑域 $F_n = K(E[\mathfrak{p}^n])$. 我们的符号与前面的有所不同, 但是注意 $F_n \subset K(E[\mathfrak{f}\mathfrak{p}^n]) = K(\mathfrak{f}\mathfrak{p}^n)$ (命题 2.1.4). 和通常一样, 记 $\mathrm{Gal}(F_\infty/K) = \Gamma \times \Delta$, 并令 $\chi \in \hat{\Delta}$. 关于 χ 的主猜想表明 $(\mathcal{U}(\mathfrak{f})/\mathcal{C}(\mathfrak{f}))^\chi$ 和 $\mathcal{X}(\mathfrak{f})^\chi$ 作为 $\mathbb{Z}_p[[\Gamma]]$ 模具有相同的特征理想. 由正合列 (3.13), 这等价于

$$\mathrm{char}.(\mathcal{E}(\mathfrak{f})/\mathcal{C}(\mathfrak{f}))^\chi = \mathrm{char}.\mathcal{W}(\mathfrak{f})^\chi. \tag{3.46}$$

定理 3.3.1 ([57] 定理 2.2) 令 $h_\chi = \mathrm{char}.(\mathcal{E}(\mathfrak{f})/\mathcal{C}(\mathfrak{f}))^\chi$, 则 $h_\chi \cdot \mathcal{W}(\mathfrak{f})^\chi$ 是伪零的 (有限的).

这与 (3.46) 已经很接近了. 因为我们知道 (3.46) 中两个模总的 λ 不变量 (对 χ 取和) 是相同的, 并且它们的 μ 不变量消失, 所以如果对于所有的 χ, $\mathrm{char}.\mathcal{W}(\mathfrak{f})^\chi$ 的所有零点都是单的, 则 (3.46) 可以由该定理得到. 更一般地, 只要知道 $\mathcal{W}(\mathfrak{f})^\chi$ 对于所有 χ 均是一个循环 $\mathbb{Z}_p[[\Gamma]]$ 模就足够了.

3.3.2 函数方程:
我们在第二章 §2.6 中已经看到 p 进 L 函数关于 $\varepsilon \mapsto \tilde{\varepsilon}$ 满足一个函数方程, 特别地, $L_p(\varepsilon) = 0 \Leftrightarrow L_p(\tilde{\varepsilon}) = 0$, 其中 p 进 L 函数的模由 ε 的分歧素因子以及 $\mathfrak{p}$ 和 $\bar{\mathfrak{p}}$ 组成. 根据推论 3.1.10 之后的讨论, 我们说 ε 出现在 $\mathcal{G}(\bar{\mathfrak{f}\mathfrak{p}}^\infty)$ 在 $\mathcal{X}(\bar{\mathfrak{f}\mathfrak{p}}^\infty)$ 的表示中恰好当 $\tilde{\varepsilon}$ 出现在 $\mathcal{G}(\overline{\mathfrak{f}\mathfrak{p}}^\infty)$ 在 $\mathcal{X}(\overline{\mathfrak{f}\mathfrak{p}}^\infty)$ 的表示中. 这事实上是对的, 但是为了证明它, 我们不得不等到关于模 $\mathcal{X}$ 的一个不同的描述 (参考定理 4.1.2). 即便如此, "代数函数方程" 仍是一个很深刻的事实. 参考 [50] V, §1 或 [47] §7.

3.3.3 虚二次域的 Kummer 准则:
在类比 ($\mathbb{Q}$ 中) 正则素数这一概念时, 如果模 $\mathcal{X}(\mathfrak{f})$ 是平凡的, 那么我们可以定义 K 的一个分裂理想 $\mathfrak{p}$ 对 $F = K(\mathfrak{f})$ (和前面一样 $(\mathfrak{f}, \mathfrak{p}) = 1$) 是**正则**的. 因为由 Nakayama 引理, $\mathcal{X}(\mathfrak{f}) = (0)$ 当且仅当 $\mathcal{X}(\mathfrak{f})_\Gamma = (0)$ ($\Gamma = \mathrm{Gal}(F_\infty/F_1)$), 并且因为 $\mathcal{X}(\mathfrak{f})_\Gamma \cong \mathrm{Gal}(M_1/F_\infty)$ (参考等式 (3.25)), 所以 $\mathfrak{p}$ 在 F 中是正则的当且仅当 $K(\mathfrak{f}\mathfrak{p})$ 的在 $\mathfrak{p}$ 外非分歧的 p 次循环扩张是 $K(\mathfrak{f}\mathfrak{p}^2)$. 可对比分圆域理论. $\mathbb{Q}$ 中 p 是正则的是指 $\mathbb{Q}(p) = \mathbb{Q}(\cos\frac{2\pi}{p})$ 在 p 外非分歧的 p 次循环扩张是 $\mathbb{Q}(p^2)$.

定理 3.2.1 连同定理 3.1.13 一起表明 $K(\mathfrak{f})$ 中 $\mathfrak{p}$ 是正则的充要条件是对于 $\chi \in \hat{H}'$ 幂级数 g_χ 是单位. (参见 ◇ 3.1.6 的符号, 其中 g_χ 是由等式 (3.17) 定义的.) 现在利用 L 函数特殊值被 p 整除的性质容易得到正则性的判别准则. 当 K 类数为 1 时, 这已经被 Coates, Wiles (如果 $\mathfrak{f} = 1$, [12]) 证明, 更一般的情况由 Yager ([87] 定理 3) 证明. 注意没有缘由将 F 限制为一个射线类域. 对 "F 正则" 的定义, 以及相应的准则, 可以推广到 K 的任意 Abel 扩张中.

第四章 在带复乘椭圆曲线算术中的应用

本章探讨 Birch 和 Swinnerton-Dyer 的猜想. 这个猜想将椭圆曲线 E (定义在数域 F 上) 中 F 有理点群的算术不变量联系到由 Hasse-Weil zeta 函数 $L(E/F, s)$ 导出的解析不变量. 它起源于 20 世纪 60 年代早期对曲线 $y^2 = x^3 - Dx$ ([4, 5]) 以及 $x^3 + y^3 = D$ ([70]) 的大量计算. 这两类熟悉的曲线都含有复乘, 即分别为 $\mathbb{Q}(i)$, $\mathbb{Q}(\sqrt{-3})$. Tate 在 [73] 中对之做了相当深刻的推广, 但是直到 1976 年, 人们对它所知甚少.

在过去的十年里, 出现了一些显著的突破. Coates 和 Wiles [14] 以及 R. Greenberg [25] 利用 p 进技术和 Iwasawa 理论得到了带复乘的椭圆曲线上的结果. Gross 和 Zagier [29] 利用模曲线上的特殊点得到了适用于由某个模曲线所参量化的定义在 $\mathbb{Q}$ 上的任意椭圆曲线的一个定理. 这些研究包含定义在 $\mathbb{Q}$ 上的具有潜在复乘的曲线. 最近, K. Rubin 将新的 p 进结果与上述引用的三个工作结合起来, 再加上 B. Perrin-Riou 关于 p 进高度的重要工作 [51], 在复乘的情形下得到了更强的定理. 他还给出了 Tate-Shafarevitch 群有限的第一个例子, 从而首次验证了整个猜想.

在本章我们将会给出 Coates-Wiles 和 Greenberg 理论的完整描述. 这些定理最初是对带复乘的曲线证明的. 这里我们推广到在更大类数的虚二次域上满足 (2.12) 的曲线. 这些推广源于 N. Arthaud [1] 和 K. Rubin [56] 对 Coates-Wiles 定理以及作者对于 Greenberg 定理的理解, 但是它们主要是原始主题的变形.

Gross 和 Zagier 的工作利用一个完全不同的想法. 我们希望感兴趣的读者去

看他们的文章.

上面提到的最新发展尽管是本章的自然延续, 但这里不作讨论. 随着这本书的出版, Rubin 的工作也在准备中, 不久就会出版.

4.1　下降法和 BSD 猜想

本节我们将描述问题及其解决方法. 4.1.1 — 4.1.3 段是一般性的, 并作为背景材料. 从 4.1.4 段起我们开始处理带复乘的椭圆曲线. Coates 定理是关键结果, 它将 Selmer 群和第三章 §3.1 中由 $\mathcal{X}$ 定义的 Iwasawa 模联系在一起. 我们关于下降法的处理远不完备, 但是我们给出了 §4.3 中所需的最低限度. 关于 Iwasawa 理论和下降理论的综合研究参见 [10] 和 [11].

4.1.1　令 F 为一个数域, E 为定义在 F 上的椭圆曲线. 群 $E(F)$ 为 E 的 F 有理点, 这是一个有限生成 Abel 群 ([69] VIII, §6.7), 被称为 **Mordell-Weil 群**, 并且它的秩是 E/F 的一个重要的不变量.

F 上椭圆曲线 E 的 **Hasse-Weil L 函数**是由 Euler 积

$$L(E/F, s) = \prod_P L_P(s) \tag{4.1}$$

所定义, 其中 P 遍历 F 上所有的非 Archimede 素理想. 如果 P 是具有好约化的素理想 ($\diamond$ 2.1.6 段), 则 $L_P(s)$ 是约化曲线的 zeta 函数的分子的倒数:

$$L_P(s) = \{(1 - \alpha \mathbf{N}P^{-s})(1 - \alpha' \mathbf{N}P^{-s})\}^{-1}, \tag{4.2}$$

其中 α 和 α' 是 (相对于 $\mathcal{O}_F/P$) Frobenius 自同构的特征多项式的两个根. 如果 P 是具有加法约化的素理想, 则记 $L_P(s) = 1$. 如果 P 是具有乘法约化的素理想, 则记 $L_P(s) = (1 \pm \mathbf{N}P^{-s})^{-1}$, 其中当 $\widetilde{E}$ (模 P) 的**结点**处的切线在 $\mathcal{O}_F/P$ 上是有理时取 $-$, 其他情况取 $+$.

乘积 (4.1) 在 $\mathrm{Re}(s) > \frac{3}{2}$ 上是绝对收敛的. 这是 Riemann 假设 ((4.2) 中 $|\alpha| = \sqrt{\mathbf{N}P}$) 的一个结果, 由 Hasse 在 1934 年所证明. 他猜想 (4.1) 可以连续地解析延拓到整个复平面上, 并且满足关于 $s \mapsto 2 - s$ 的函数方程 (参见 [75]).

如果 E 带有虚二次域上的复乘, 则所有的坏的约化均为加法约化, 因此在 (4.1) 中, 我们可以简单地忽略它们. 在此情形下, 我们已经知道 $L(E/F, s)$ 存在解析延拓以及函数方程. 事实上, 如果 $F \supset K$ 且 $\psi = \psi_{E/F}$ 是 E/F 的 Hecke 特征 (参见 $\diamond$ 2.1.3 段), 则

$$L(E/F, s) = L(\psi, s) \cdot L(\overline{\psi}, s), \tag{4.3}$$

因此, L 函数可以表示成两个 Hecke L 函数的乘积. 注意如果 F/K 是 Abel 的, 且 E 满足 (2.12), 使得对 K 的某个 Hecke 特征 φ 满足 $\psi = \varphi \circ \mathrm{N}_{F/K}$, 则

$$L(\psi, s) = \prod_{\chi \in \widehat{\mathrm{Gal}(F/K)}} L(\chi\varphi, s). \tag{4.4}$$

4.1.2 一般说来, 我们有下述猜想:

猜想 4.1.1 Birch-Swinnerton-Dyer 猜想 (第一部分):

$$\mathrm{rk}\, E(F) = \mathrm{ord}_{s=1} L(E/F, s). \tag{4.5}$$

因此其在 $s = 1$ 处的零点的阶 (一般地 $L(E/F, s)$ 是否存在还是未知) 应该得到该椭圆曲线 E/F 上比较有趣的算术不变量, 即它的秩.

如果 E 有复乘 $\mathcal{O}_K$, 且 $F \supset K$, 则 $E(F)$ 是一个 $\mathcal{O}_K$ 模, 并且 (4.5) 等价于

$$\mathrm{rk}_{\mathcal{O}_K} E(F) = \mathrm{ord}_{s=1} L(\psi, s). \tag{4.6}$$

4.1.3 Birch-Swinnerton-Dyer 猜想还有第二部分的内容, 它给出了 $L(E/F, s)$ 的 Talyor 展开式在 $s = 1$ 处的首项系数可以由该椭圆曲线 E/F 的其他算术不变量来表示. 详细可参考 [73]. 这里我们仅仅关心 (4.5). 为了研究 $E(F)$ 的秩, 我们通常利用**下降法**, 下面简要描述其框架. 在 [69] 第十章有完整的解释和一些例子.

令 $\alpha \in \mathrm{End}(E/F)$, 则 **Kummer 正合列**

$$0 \to E[\alpha] \to E(\overline{F}) \xrightarrow{\alpha} E(\overline{F}) \to 0 \tag{4.7}$$

给出一个 Galois 上同调正合列:

$$0 \to E(F)/\alpha E(F) \to H^1(G_F, E[\alpha]) \to H^1(G_F, E(\overline{F}))[\alpha] \to 0. \tag{4.8}$$

这里 $G_F = \mathrm{Gal}(\overline{F}/F)$. 群 $H^1(G_F, E(\overline{F}))$, 称为 **Weil-Châtelet 群**, 对 E/F 的主齐性空间进行了分类.

对 F 的每一个素理想 P, 选取位于其上的 $\overline{F}$ 中一个素理想 $\overline{P}$. 令 $G_P \subset G_F$ 为 $\overline{P}/P$ 分解群, 并将 F_P 的代数闭包等同于 $\overline{F}$ 在 $\overline{P}$ 处完备化的相应子域. 在这个讨论中需要包含 Archimede 素理想, 但是如果 F 是纯虚域, 则没有任何影响.

对每一个 P, 将 F 替换为 F_P, 也有与 (4.7) 类似的正合列. 特别地, 我们可以考虑局部 Weil-Châtelet 群 $H^1(G_P, E(\overline{F}_P))$. **Tate-Shafarevitch 群** Ⅲ(E/F) 如下定义:

$$\text{Ш}(E/F) = \text{Ker}(H^1(G_F, E(\overline{F})) \xrightarrow{\text{Res}} \coprod_P H^1(G_P, E(\overline{F}_P))), \qquad (4.9)$$

其中直和遍历所有的 P. 它参数化了 E/F 的局部平凡主齐性空间.

Ш$(E/F[\alpha])$ 在 $H^1(G_F, E[\alpha])$ 中的逆像被称为 α-**Selmer 群**, 记作 $S_\alpha(E/F)$. 因此我们得到了 α-**下降正合列**:

$$0 \to E(F)/\alpha E(F) \to S_\alpha(E/F) \to \text{Ш}(E/F)[\alpha] \to 0. \qquad (4.10)$$

Tate-Shafarevitch 群被猜想是有限的, 并且现在我们已经知道其在某些情况下是成立的, 例如形如 $Y^2 = X^3 - DX$ ([57]) 的很多曲线. (4.10) 相对于 (4.8) 的优势在于, 如果我们证明了 Ш$(E/F)[\alpha] = 0$, 则我们可以通过 $S_\alpha(E/F)$ 算出 $E(F)$ 的秩 (参考 Silverman 的书和 [55]). 另一方面, Weil-Châtelet 群整体来看是非常大的, 并且难以控制.

4.1.4　从现在开始, 我们假设 F 包含虚二次域 K, 且 E 带有复乘 $\mathcal{O}_K$. 类比正合列 (4.10), 固定 $\alpha \in \mathcal{O}_K$, 对于 α^n, $n \geqslant 1$, 我们得到极限

$$0 \to E(F) \otimes_{\mathcal{O}_K} \varinjlim \alpha^{-n} \mathcal{O}_K / \mathcal{O}_K \to S_{\alpha^\infty}(E/F) \to \text{Ш}(E/F)[\alpha^\infty] \to 0. \qquad (4.11)$$

群 $S_{\alpha^\infty}(E/F)$ 是 $H^1(G_F, E[\alpha^\infty])$ 的子群. 第一个映射将 $u \otimes \alpha^{-n}\beta$ $(u \in E(F), \beta \in \mathcal{O}_K)$ 映为上闭链 $\{\sigma \mapsto \sigma v - v\}$ 的上同调类, 其中 $v \in E(\overline{F})$ 满足 $\alpha^n(v) = \beta(u)$.

在叙述下一个定理之前, 我们先介绍一个关于 Galois 上同调的注记. 假设 L 是 F 的一个代数扩张, 不需要是有限的, R 为任一 G_F 模, 则 G_L 为 G_F 的闭子群, 且

$$H^1(G_L, R) = \varinjlim H^1(G_M, R), \qquad (4.12)$$

其中 M 遍历所有的中间域 $F \subset M \subset L$, $[M : F] < \infty$, 且该极限是关于限制映射的. 这是明显的, 如果我们想到所有涉及的上闭链对于 R 上的**离散拓扑**而言是连续的. 我们定义 Ш(E/L) 以及 $S_\alpha(E/L)$ 分别为 Ш(E/M) 和 $S_\alpha(E/M)$ 的归纳极限, $F \subset M \subset L$, $[M : F] < \infty$. (这里微妙的一点是如果 P 为 L 的一个素点, 它的完备化 L_P 不必是 $\bigcup M_P$.)

4.1.5　令 $\mathfrak{p}$ 为 K 的分裂素理想, 在 F 中非分歧, 使得 E 在所有 F 中位于 $\mathfrak{p}$ 之上的素理想处 (必须是正常的) 有好的约化. 任取 $\alpha \in \mathcal{O}_K$ 满足 $(\alpha) = \mathfrak{p}^h$, 则 (4.11) 变为

$$0 \to E(F) \otimes_{\mathcal{O}_K} K_\mathfrak{p}/\mathcal{O}_\mathfrak{p} \to S(E/F)(\mathfrak{p}) \to \text{Ш}(E/F)(\mathfrak{p}) \to 0, \qquad (4.13)$$

其中, $D(\mathfrak{p})$ 为可除群 D 的 $\mathfrak{p}$ 准素分支. 令 $F_n = F(E[\mathfrak{p}^n])$, $n \geqslant 0$.

定理 4.1.2 (Coates). 存在典范 Galois 模同构

$$S(E/F_\infty)(\mathfrak{p}) \simeq \mathrm{Hom}(\mathcal{X}(F_\infty), E[\mathfrak{p}^\infty]),$$

其中 $\mathcal{X}(F_\infty)$ 是 F_∞ 在 $\mathfrak{p}$ 外非分歧的极大 Abel p 扩张 (对 F_∞) 的 Galois 群.

证明 由定义知 $S(E/F_\infty)(\mathfrak{p})$ 是 $H^1(G_{F_\infty}, E[\mathfrak{p}^\infty]) = \mathrm{Hom}(\mathcal{H}, E[\mathfrak{p}^\infty])$ 的一个子群, 其中 $\mathcal{H}$ 是 F_∞ 的极大 Abel p 扩张对 F_∞ 的 Galois 群. 因此, 我们必须将属于 Selmer 群的同态与在 $\mathfrak{p}$ 外非分歧的同态等同起来.

首先, 我们注意在 F_1 上, E 在所有素点处都有好的约化. 事实上, F_∞ 是 F_1 和 K_∞ 的合成, K_∞ 是 K 在 $\mathfrak{p}$ 之外非分歧的唯一 $\mathbb{Z}_p$ 扩张, 这由复乘的主定理容易得到. 因为 F_∞/F_1 在 $\mathfrak{p}$ 之外非分歧, Ogg-Néron-Shafarevitch 准则 (定理 2.1.6) 表明 E 在 F_1 的 $\mathfrak{p}$ 之外有好的约化. 由关于 $\mathfrak{p}$ 的假设知, E/F_1 在所有素点处都有好的约化.

现在假设 P 是 F_∞ 上的一个不在 $\mathfrak{p}$ 之上的素点, 且 $f \in S(E/F_\infty)(\mathfrak{p})$, 则存在一个点 $v \in E(\overline{F}_P)$ 使得对分解群 $G_P \subset \mathrm{Gal}(\overline{F}_\infty/F_\infty)$ 中任意 σ 都有 $f(\sigma) = \sigma(v) - v \in E[\mathfrak{p}^\infty]$. E 的 $\mathfrak{p}^\infty$ 挠点在模 P 约化下是一个单嵌入, 这是因为 $P \nmid \mathfrak{p}$, 且有好的约化. 如果 I_P 表示 G_P 中的惯性群, 且 $\sigma \in I_P$, 则 $\widetilde{f(\sigma)} = \widetilde{\sigma}(\widetilde{v}) - \widetilde{v} = 0$, 因此 $f(\sigma) = 0$ ($\widetilde{v}$ 是 v 在约化映射下的像). 从而 f 在 P 处非分歧.

反过来就比较困难了. 假设 f 是一个在 $\mathfrak{p}$ 外非分歧的同态. 令 P 是 F_∞ 的不在 $\mathfrak{p}$ 之上的素点. 如果我们用 G_P 和 I_P 分别表示 $\mathcal{H}$ 中的分解群和惯性群, 则 $G_P = I_P$, 这是因为 $\mathcal{H}$ 是 pro-p 扩张, 且 P 的剩余类域尽管不是代数闭域, 但是没有 p 扩张. (对充分大的 m, P 在 F_∞/F_m 中是惯性的, 且对于每一个 r 有限域有唯一次数为 p^r 的扩张.) 因此 $f|_{G_P} = 0$, 所以 f 属于 Selmer 群在 P 处的局部条件是满足的.

现在仅剩 F_∞ 中整除 $\mathfrak{p}$ 的素理想 P 的情形. 我们需要证明对这样的 P, $H^1(G_P, E(\overline{F}_P))(\mathfrak{p}) = 0$, 因此 P 处的局部情况自然得到满足, 这就完成了 $f \in S(E/F_\infty)(\mathfrak{p})$. 我们需要下述结论. $\square$

定理 4.1.3 (Tate 局部对偶 [3]) 令 k 为局部域, E 为 k 上的椭圆曲线, $\alpha \in \mathrm{End}(E/k)$, $\overline{\alpha}$ 为对偶同源.

(i) $E(k)$ 和 $H^1(G_k, E(\overline{k}))$ 互为 Pontrijagin 对偶 (第一个是紧的, 第二个是离散的).

(ii) 该对偶诱导了 $E(k)/\overline{\alpha}E(k)$ 和 $H^1(G_k, E(\overline{k}))[\alpha]$ 之间的对偶.

(iii) 如果 k' 是 k 的有限扩张, 则 $\mathrm{N}_{k'/k} : E(k') \to E(k)$ 的转换是 $\mathrm{Res} : H^1(G_k, E(\overline{k})) \to H^1(G_{k'}, E(\overline{k}))$.

为了将 $u \in E(k)/mE(k)$ 与 $v \in H^1(G_k, E(\overline{k}))[m]$ 配对, 我们令 u' 为 u 在 $H^1(G_k, E[m])$ 中的像, v' 为 v 的任意提升 (参考 (4.8)). 然后利用 Weil 对, 以及 Brauer 群与 $\mathbb{Q}/\mathbb{Z}$ 之间的典范同构, 选取 $u' \cup v' \in H^2(G_k, \mu_m) \hookrightarrow \mathrm{Br}(k) \cong \mathbb{Q}/\mathbb{Z}$.

4.1.6 为了给出定理 4.1.2 的证明, 令 $\alpha \in \mathcal{O}_K$ 满足 $(\alpha) = \mathfrak{p}^h$. 如果记 k_n 为 F_n 在 P 点处的完备化, 则根据定理 4.1.3(ii) 和 (iii) 知, $H^1(G_P, E(\overline{F}_P))[\alpha]$ 对偶于

$$\varprojlim E(k_n)/\overline{\alpha} E(k_n), \tag{4.14}$$

其中逆极限是关于范映射的. 但是, 因为 $(\overline{\alpha}, P) = 1$, 且 P 是好的约化素点, 所以 $\overline{\alpha}$ 诱导了 $E_1(k_n)$ 上的同构, 其中 $E_1(k_n)$ 是模 P 约化的核. 因此 (4.14) 与 $\varprojlim \widetilde{E}(\kappa_n)/\overline{\alpha}\widetilde{E}(\kappa_n)$ 相等, 其中 $\widetilde{E}$ 为约化曲线, κ_n 为 k_n 的剩余类域. 现在 P 在 F_∞/F 中是完全分歧的 (参考命题 2.1.7(i)), 因此对于所有的 n 成立 $\kappa_n = \kappa_0$, 且 $\widetilde{E}(\kappa_0)/\overline{\alpha}\widetilde{E}(\kappa_0)$ 是一个固定的有限 p 群. 范映射的约化变为 p^{m-n} (对于 $\mathrm{N}_{m,n}, m \geqslant n \geqslant 1$) 倍乘法映射, 所以逆极限消失. 由对偶性, 即得 $H^1(G_P, E(\overline{F}_P))[\alpha] = 0$.

4.1.7 下面我们给出定理 4.1.2 应用的一个例子.

推论 4.1.4 假设 $F(E_{\mathrm{tor}})$ 是 K 的一个 Abel 扩张 (参考 (2.12)), 则 $E(F_\infty)$ 模去其挠部分是有限生成的.

证明 在这种情况下, $\mathcal{X}(F_\infty)$ 是一个有限生成的自由 $\mathbb{Z}_p$ 模 ($\diamond$ 3.1.5 段, 定理 3.1.13, 定理 3.2.12). 由定理 4.1.2 知对某个 r 有 $S(E/F_\infty)(\mathfrak{p}) \cong (\mathbb{Q}_p/\mathbb{Z}_p)^r$. 推论由在下降列 (4.13) 中用 F_∞ 替代 F 得到, 因为 $E(F_\infty)/E(F_\infty)_{\mathrm{tor}}$ 是一个自由 Abel 群. $\square$

4.2 Coates-Wiles 定理

本节我们将会证明下面的定理.

定理 4.2.1 令 K 为一个虚二次域, F 为 K 的有限 Abel 扩张, E 为 F 上带有复乘 K 的椭圆曲线. 假设 $F(E_{\mathrm{tor}})$ 是 K 的一个 Abel 扩张. 如果 $E(F)$ 是无限的, 则 $L(E/F, 1) = 0$.

证明是用 p 进方法, 其想法是证明 $L(\overline{\psi}, 1)$ ($\psi = \psi_{E/F}$ 是 E 到 F 上的 Hecke 特征) 的特殊值的 "代数部分" 可被某个素数的任意阶幂整除. 这是原始证明的一个变种 (K. Rubin), 它证明数值 $L(\overline{\psi}, 1)$ 可以被无穷多个素数整除, 即 0 的另外一个特有性质.

4.2.1 首先, 我们假设 E 由 Weierstrass 方程给出. 令 φ 为 K 的 Hecke 特征,

满足 $\psi_{E/F} = \varphi \circ N_{F/K}$ ($\diamond$ 2.1.4 段), 且 $\mathfrak{f} = l.c.m.(\mathfrak{f}_\varphi, \mathfrak{f}_{F/K})$. 如果必要可以利用同源改变 E 的方程, 我们可以假设它带有复乘 $\mathcal{O}_K$, 且 $\omega_E = \frac{dx}{y}$ 的周期的格为 $L = \mathfrak{f}\Omega$, 其中 $\Omega \in \mathbb{C}^\times$. 这些都是第二章中的标准符号.

选取 F 中完全分裂的且与 $6\mathfrak{f}\Delta(L)$ 互素的辅助素数 p. 令 $\mathfrak{p}$ 为 K 中 p 的一个因子, 将 $\overline{\mathbb{Q}}$ 一如既往地嵌入 $\mathbb{C}_p$ 使得 K 上诱导的素点为 $\mathfrak{p}$. 对 F 中 $\mathfrak{p}$ 之上的任意素点 P, $\pi = \psi(P) = \varphi(\mathfrak{p})$ 是 $\mathfrak{p}$ 的生成元, 因此是主理想.

4.2.2 假设 $a \in E(F)$ 为一个无限阶的点. 如果必要, 以它的某个倍数替换, 我们可以假设对所有 $P|\mathfrak{p}$, a 在模 P 约化映射的核中, 因此 $|t(a)|_P < 1$ (和通常一样 $t = -\frac{2x}{y}$).

令 $F_n = F(E[\mathfrak{p}^n])$. $K(\mathfrak{f})$ 和 F_n 在 F 上线性无交, 且 $K(\mathfrak{f})F_n = K(\mathfrak{f}\mathfrak{p}^n)$ (参考推论 2.1.5). $[F:K]$ 个 $\mathfrak{p}$ 之上的素理想的每个 P 均在 F_∞ 中完全分歧 (命题 2.1.7), 我们也记其在 F_n 上唯一的素理想为 $P, 0 \leqslant n \leqslant \infty$.

令 $a_n \in E(\overline{F})$ 为

$$\pi^n(a_n) = a \tag{4.15}$$

的一个解, $L_n = F_n(a_n)$. **Kummer 映射**

$$\mathrm{Gal}(L_n/F_n) \to E[\mathfrak{p}^n], \quad \sigma \mapsto \sigma(a_n) - a_n, \tag{4.16}$$

将 $\mathrm{Gal}(L_n/F_n)$ 映为 $\mathfrak{p}^n$ 挠点的一个子群. 因为 E 在 F_n 的所有素点处都有好的约化 (参考定理 4.1.2 的证明, $n \geqslant 1$), 所以 L_n/F_n 在 $\mathfrak{p}$ 外非分歧.

4.2.3 固定 $E[\mathfrak{p}^\infty]$ 的 Tate 模的一个生成元: $u_n \in E[\mathfrak{p}^n]$, $u_n \notin E[\mathfrak{p}^{n-1}]$, $\pi(u_n) = u_{n-1}$. 令 $\omega_n = t(u_n)$ 为局部参数 $t = -\frac{2x}{y}$ 在 u_n 处的值, 则 $\omega_n \in F_n$ 在每一素理想 $P|\mathfrak{p}$ 处的赋值为 1.

令 $e = (e_n)$ 为域塔 (F_n) 单位中的一个范相容序列. 令 R 为 $\mathcal{O}_F$ 在 $\mathfrak{p}$ 处的完备化 (见 (2.61)), 且

$$g_e(T) \in R[[T]]^\times \tag{4.17}$$

为 e 的 Coleman 幂级数 (参考命题 2.4.3).

伊代尔 Artin 符号 $(e_n, L_n/F_n)$ 是平凡的, 因为 e_n 是主伊代尔. 另一方面, 它等价于局部 Artin 符号的和, 且仅有 $\mathfrak{p}$ 之上的素理想对之有贡献, 是因为 L_n/F_n 在 $\mathfrak{p}$ 外是非分歧的, e_n 是一个单位, 且 F_n 是全复的. 因此

$$0 = \sum_{P|\mathfrak{p}} \{(e_n, L_{n,P}/F_{n,P})(a_n) - a_n\}. \tag{4.18}$$

4.2.4 令 λ 为 E 的形式群 $\widehat{E}$ 的对数, 参数为 t. 这是一个系数在 F 中的幂级数, 也可以认为在 $F \otimes_K K_{\mathfrak{p}}$ 中. 令 $D_0 = \frac{1}{\lambda'(T)} \frac{d}{dT}$ 为 $\widehat{E}$ 的平移不变微分. 显式互反律 (定理 1.4.1) 对 (4.18) 计算的局部贡献如下:

$$t((e_n, L_{n,P}/F_{n,P})(a_n) - a_n) = [\pi^{-n} \mathrm{Tr}_n \{\lambda(t(a)) \cdot D_0 \log g_e(\omega_n)\}]_P(\omega_n). \quad (4.19)$$

这里 Tr_n 是 F_n 到 F 的迹, 与 $F_{n,P}$ 到 F_P 的迹相同. 下标 P 提醒我们是在处理 $\mathcal{O}_P$ 上的形式群 $\widehat{E}$. 现在 $\lambda(t(a))$ 可以从迹中提取出来, 因为 $a \in E(F)$. 当我们这样做的时候, $g_e(T)$ 的形式和命题 1.2.1(iii) (或命题 2.4.3(iii)) 给出了 (4.19) 的值

$$\left[\left(1 - \frac{1}{\pi} \right) \cdot \lambda(t(a)) \cdot D_0 \log g_e(0) \right]_P (\omega_n). \quad (4.20)$$

当 $\mathrm{Gal}(F/K)$ 传递地作用在 P 上时, (4.18), (4.19) 以及 (4.20) 对所有 $n \geqslant 0$ 给出

$$\left(1 - \frac{1}{\pi} \right) \mathrm{Tr}_{F/K} \{\lambda(t(a)) \cdot D_0 \log g_e(0)\} \equiv 0 \mod \pi^n. \quad (4.21)$$

这里我们将 $g_e(T)$ 和 $\lambda(T)$ 看作 $F \otimes_K K_{\mathfrak{p}} = \Phi$ 的幂级数, 且 $\mathrm{Tr}_{F/K}$ 是 Φ 到 $K_{\mathfrak{p}}$ 上的迹. 因为 n 是任意的, 故

$$\sum_{\mathfrak{c}} \{\lambda(t(a)) \cdot D_0 \log g_e(0)\}^{\sigma_{\mathfrak{c}}} = 0, \quad (4.22)$$

其中 $\mathfrak{c}$ 遍历 K 的那些其 Artin 符号代表了 $\mathrm{Gal}(F/K)$ 的理想.

4.2.5 如同第二章 §2.4, 令 Ω_p 为相伴于 Ω 的 p 进周期. 回顾一下等式 (2.69) $\Omega_p^{\sigma_{\mathfrak{c}}-1} = \Lambda(\mathfrak{c})\mathbf{N}\mathfrak{c}^{-1}$ 以及等式 (2.77), 如果我们令 $D = \Omega_p D_0$, 则

$$\sigma_{\mathfrak{c}}(D \log g_e(0)) = \sigma_{\mathfrak{c}}(\delta_1(e)) = \mathbf{N}\mathfrak{c}^{-1} \delta_1(\sigma_{\mathfrak{c}}(e)), \quad (4.23)$$

其中 δ_1 为第一 Kummer 对数导数. "移除在 $\mathfrak{p}$ 处的 Euler 因子" 给出 (2.76)

$$\begin{aligned}
\left(1 - \frac{\pi}{p} \right) \cdot \sigma_{\mathfrak{c}}(D \log g_e(0)) &= \mathbf{N}\mathfrak{c}^{-1} \cdot \widetilde{\delta_1}(\sigma_{\mathfrak{c}}(e)) \\
&= \mathbf{N}\mathfrak{c}^{-1} \cdot \int_G \varphi(\sigma) d\mu_{\sigma_{\mathfrak{c}}(e)}(\sigma) \qquad (G = \mathrm{Gal}(F_\infty/F)) \\
&= \mathbf{N}\mathfrak{c}^{-1} \cdot \int_{\sigma_{\mathfrak{c}}^{-1}G} \varphi(\sigma_{\mathfrak{c}}\sigma) d\mu_e(\sigma).
\end{aligned} \quad (4.24)$$

这里我们利用 $\widetilde{\delta}_1(\beta)$ 和 μ_β 的基本性质. 参见引理 1.3.6 和 ◇ 1.3.4 段. 综上, (4.22) 等价于

$$\sum_{\mathfrak{c}} \left[\lambda(t(a))^{\sigma_\mathfrak{c}} \cdot \frac{\varphi(\mathfrak{c})}{\Lambda(\mathfrak{c})} \right] \left[\int_{\sigma_\mathfrak{c}^{-1}G} \varphi(\sigma) d\mu_e(\sigma) \right] = 0. \tag{4.25}$$

在上个和中, 方括号中的两个量仅仅依赖于 $(\mathfrak{c}, F/K)$. 我们简洁地记为

$$W(\mathfrak{c}) = \lambda(t(a))^{\sigma_\mathfrak{c}} \cdot \frac{\varphi(\mathfrak{c})}{\Lambda(\mathfrak{c})}, \tag{4.26}$$

$$M(\mathfrak{c}) = \int_{\sigma_\mathfrak{c}^{-1}G} \varphi(\sigma) d\mu_e(\sigma). \tag{4.27}$$

4.2.6 现在, 我们断言对任意 $(\mathfrak{o}, \mathfrak{f}) = 1$,

$$\sum_{\mathfrak{c}} W(\mathfrak{c}) M(\mathfrak{c}\mathfrak{o}^{-1}) = 0, \tag{4.28}$$

也就是 $\sum_{\mathfrak{c}} W(\mathfrak{c}\mathfrak{o}) M(\mathfrak{c}) = 0$. 实际上,

$$W(\mathfrak{c}\mathfrak{o}) = \left(\lambda(t(a))^{\sigma_{\mathfrak{c}\mathfrak{o}}} \cdot \frac{\varphi(\mathfrak{c})}{\Lambda(\mathfrak{c})^{\sigma_\mathfrak{o}}} \right) \cdot \frac{\varphi(\mathfrak{o})}{\Lambda(\mathfrak{o})},$$

因此, 如果我们利用它的共轭 $E^{\sigma_\mathfrak{o}}$ 来替代椭圆曲线 E, 且由 $\sigma_\mathfrak{o}(a)$ 替代 a, 在相差一个常数 $\varphi(\mathfrak{o})/\Lambda(\mathfrak{o})$ 的前提下, $W(\mathfrak{c}\mathfrak{o})$ 和 $W(\mathfrak{c})$ 是相同的, 这不依赖于 $\mathfrak{c}$ 的选取. 注意测度 μ_e 不依赖于 E 的选取.

考虑循环矩阵 $(M(\mathfrak{c}\mathfrak{o}^{-1})) = M$, 它的行和列由 $\mathrm{Gal}(F/K)$ 所标记. 因为 a 是无限阶的, $W(\mathfrak{c}) \neq 0$, 所以 M 是奇异的, 即 $\det(M) = 0$. 由 **Frobenius 行列式**关系 ([42] p.89) 得到

$$\prod_{\chi \in \widehat{\mathrm{Gal}(F/K)}} \left(\sum \chi(\mathfrak{c}) M(\mathfrak{c}) \right) = 0. \tag{4.29}$$

4.2.7 现在我们详述 e. 令 $e = (e_n(\mathfrak{a}))$, 其中

$$e'_n(\mathfrak{a}) = \Theta(1; \mathfrak{f}\mathfrak{p}^n, \mathfrak{a}) \quad (\text{见等式 } (2.82)), \tag{4.30}$$

$$e_n(\mathfrak{a}) = \mathrm{N}_{K(\mathfrak{f}\mathfrak{p}^n)/F_n}(e'_n(\mathfrak{a})). \tag{4.31}$$

$\mathcal{G} = \mathrm{Gal}(F_\infty/K)$ 上的测度 μ_e 由定理 2.4.11 给出:

$$\mu_e = 12(\sigma_{\mathfrak{a}} - \mathbf{N}\mathfrak{a})\mu, \tag{4.32}$$

其中 μ 是由 $\mu(\mathfrak{f})$ 通过自然投射 $\mathbb{D}[[\mathcal{G}(\mathfrak{f})]] \to \mathbb{D}[[\mathcal{G}]]$ 诱导到 $\mathcal{G}$ 上的. 我们容易由 (4.29) 得到

$$\prod_\chi \int_\mathcal{G} \varphi\chi(\sigma)d\mu(\sigma) = 0. \tag{4.33}$$

插值公式 (2.90) 给出复数部分,

$$\prod_\chi L(\overline{\chi\varphi}, 1) = 0. \tag{4.34}$$

定理 4.2.1 由此得出, 因为 $\prod L(\overline{\chi\varphi}, 1) = L(\overline{\psi}, 1)$ 且 $L(E/F, 1) = L(\psi, 1)L(\overline{\psi}, 1)$. 证毕.

注记 4.2.2 当 $F = K$ 时, 证明将大大缩短, 因为在 (4.22) 中仅有一项且 $\lambda(t(a))$ 可以去掉. 在 ◇ 4.2.5—4.2.7 段中使用 Frobenius 行列式来完成一般情况下的证明似乎是新的. 在 [56] 中, Rubin 使用了 Bertrand 在超越 p 进数论中的一个结果. 进而, Rubin 成功指出了 $L(\varphi\chi, 1)$ 中哪些值消失. 为此, 我们需要区分所有不同的 $\widehat{\varphi\chi}$, 其中 $\chi \in \mathrm{Gal}(\overline{F/K})$. 这是可能的, 如果我们引入 Abel 簇 $\mathrm{Res}_{F/K} E$ 的话, 这就潜藏在我们许多陈述里面. 为了使论述更简单, 且避免 Bertrand 定理, 我们满足于定理 4.2.1.

我们的证明有点取巧, 因为使用显式互反律掩盖了下降法所起的作用. 事实上, 我们甚至不必知道 Selmer 群的定义, 更不用说像定理 4.1.2 这样的结果, 或其在 "有限级" 的类比. 然而, 这并不是该定理最初被发现的方式. Coates 和 Wiles 借助于包括显式互反律的技术, 只是因为在下降序列中, 他们无法判断一个无限阶点是否会给出一个 $K(E[\mathfrak{p}])$ 的 Abel 扩张使得其在 $\mathfrak{p}$ 处真正分歧. F. Thaine 和 K. Rubin 最近的想法可以让我们能够恢复原来的方法, 在证明中可以不使用显式互反律, 至少在 $F = K$ 时是这样.

4.3　Greenberg 定理

利用无限阶点的存在性, 定理 4.2.1 给出 E 的 L 函数在 1 处消失的结论. 相反的方面, 我们有 R. Greenberg 定理. 这个结果不像 Coates-Wiles 定理的结论那么强, 对某个有好约化的 p, 它依赖于 Tate-Shafarevitch 群的 p 部分的有限性, 并只适用于一类有更多限制的椭圆曲线. 一个更加明确的结果包含在 Gross 和 Zagier [29] 的工作中, 至少当域为 $\mathbb{Q}$ 时是这样. 然而, Greenberg 定理是关于第二章和第

三章思想的一个漂亮应用, 且与 [29] 和其他思想一起用来得到定理 4.2.1 的强化版
(这些我们不过多赘述).

定理 4.3.1 (K. Rubin [57]) 假设 E 是一个定义在 $\mathbb{Q}$ 上的椭圆曲线, 带有复乘 K,
则

 (i) $L(E/\mathbb{Q}, 1) \neq 1 \Rightarrow E(\mathbb{Q})$ 是有限的.

 (ii) $L(E/\mathbb{Q}, 1) = 0, \quad L'(E/\mathbb{Q}, 1) \neq 0 \Rightarrow \operatorname{rk} E(\mathbb{Q}) = 1$.

4.3.1 我们首先描述需要处理的椭圆曲线类. 令 K 为虚二次域, F 为 K 的
Abel 扩张. F 称为 K 的**反分圆扩张**是指它在 $\mathbb{Q}$ 上是 Galois 的, 且 $\operatorname{Gal}(K/\mathbb{Q})$ 在
$\operatorname{Gal}(F/K)$ 的作用为 -1. 如果以 ρ 表示复共轭且 $\sigma \in \operatorname{Gal}(F/K)$, 则 $\rho\sigma\rho^{-1} = \sigma^{-1}$.
一个典型的例子是 K 的 Hilbert 类域. 固定 F 的一个这种扩张, 并令 $F' = F \cap \mathbb{R}$.

 令 E 为定义在 F' 上的一条椭圆曲线, 在 F 上带有复乘 $\mathcal{O}_K$. 此外假设:

 (i) $F(E_{\mathrm{tor}})$ 是 K 上的 Abel 扩张.

 (ii) 如果 φ 是 K 的 Hecke 特征, 满足 $\varphi \circ \mathrm{N}_{F/K} = \psi_{E/F}$ (参考 ◇ 2.1.4 段), 则

$$\varphi(\overline{\mathfrak{a}}) = \overline{\varphi}(\mathfrak{a}). \tag{4.35}$$

因为 $\chi(\overline{\mathfrak{a}}) = \overline{\chi}(\mathfrak{a})$ 对任意 $\chi \in \widehat{\operatorname{Gal}(F/K)}$ 都成立, 如果 (4.35) 对于某个 φ 成立, 则
它对任意的 φ 均成立.

例 4.3.2 (a) 如果 $d_K = q$ 为模 4 余 3 的素数, 且 F 是 K 的 Hilbert 类域, 曲线
$A(q)^d$ (d 是无平方因子整数) 满足 (i) 和 (ii), 由 Gross 在 [28] 35 页引入. 在这种
情况下, 种 (genus) 理论表明 K 的类数是奇的, 因此下一条表明 (ii) 是多余的.

 (b) 如果 $[F : K]$ 是奇的, 则 (ii) 是 (i) 的一个结果. 实际上, 因为 E 定义在 F'
上, 所以 $\psi(\overline{\mathfrak{A}}) = \overline{\psi}(\mathfrak{A})$. 令 $\mathbf{c}(\psi) = \rho \circ \psi \circ \rho^{-1}$, $\mathbf{c}(\psi) = \psi$, 因此 $\mathbf{c}(\varphi) \circ \mathrm{N}_{F/K} = \varphi \circ \mathrm{N}_{F/K}$,
且对某个 $\chi \in \widehat{\operatorname{Gal}(F/K)}$ 有 $\mathbf{c}(\varphi) = \varphi \cdot \chi$. 因为 $\mathbf{c}(\chi) = \chi$, $\varphi = \mathbf{c}(\mathbf{c}(\varphi)) = \varphi\chi^2$, 所以
$\chi^2 = 1$, 从而 $\chi = 1$, 因为 $[F : K]$ 是奇的.

 (c) 如果 K 的类数为 1, 且 $F = K$, 则 (i) 和 (ii) 自动成立.

定理 4.3.3 (参见 [25]). 令 F/K 为反分圆扩张, $F' = F \cap \mathbb{R}$, 且 E 为定义在 F'
上的椭圆曲线, 满足前面的条件 (i) 和 (ii). 假设对某些 $\chi \in \widehat{\operatorname{Gal}(F/K)}$, $L(\overline{\varphi\chi}, s)$
在 $s = 1$ 处的零点为奇数阶, 则或者 $E(F')$ 是无限的, 或者 $\mathrm{III}(E/F')$ 有无限 p 准
素分支, 其中对每个在 K 中分裂, 在 F 中非分歧, 与 $[F : K]$ 互素且 E (在 F' 中)
在其上有好约化的 p 成立.

 当然, 第二种选择相信不会发生. 如果 $L(\overline{\psi}, s)$ 在 $s = 1$ 处有奇数阶零点, 则
假设条件显然满足. 如果 F 是 K 的 Hilbert 类域, 则根据 Shimura 定理 ([67]),
$L(\overline{\varphi\chi}, 1)$ 的消失与 χ 无关. 在此情况下, $\operatorname{rk} E(F')$ 是 $[F : K] = h_K$ 的一个倍数

([28] 定理 16.1.3).

定理 4.3.3 的证明主要分为两个步骤. 在 ◇ 4.3.2—4.3.5 段, 我们利用下降法和定理 4.1.2 (与 Iwasawa 模 $\mathcal{X}$ 相关的 Selmer 群), 将其简化为关于 $\mathcal{X}$ 的特征幂级数的陈述 (4.44). 在 ◇ 4.3.6—4.3.9 段, 我们证明这个陈述. 关键部分是利用第二、三章中发展的 p 进 L 函数的理论, 以及复 L 函数的非消失定理.

4.3.2 在定理中取一个素数 p. 鉴于正合列 (参阅 ◇ 4.1.3 段)

$$0 \to E(F') \otimes \mathbb{Q}_p/\mathbb{Z}_p \to S(E/F')(p) \to \text{Ш}(E/F')(p) \to 0 \qquad (4.36)$$

我们实际上要证明 F' 的 Selmer 群的 p 部分是无限的.

我们现在来描述一下我们将见到的域, 并为之命名. 这里符号与第二章和第三章中所用到的有些不同, 因为我们需要考虑的域更多.

令 $\mathcal{F}_\infty = F(E[p^\infty])$, $\mathcal{F}_\infty(\mathfrak{p}) = F(E[\mathfrak{p}^\infty])$, 以及 $\mathcal{F}_\infty(\bar{\mathfrak{p}}) = F(E[\bar{\mathfrak{p}}^\infty])$. 令 $\mathcal{G}, \mathcal{G}_1, \mathcal{G}_2$ 为这些域在 K 上的 Galois 群, 且 G, G_1, G_2 是固定 F 的子群. 因为 $p \neq 2$ 且 p 在 F 中是非分歧的, 故有典范同构

$$\begin{cases} \kappa_1 : G_1 = \Delta_1 \times \Gamma_1 \simeq \mathcal{O}_{\mathfrak{p}}^\times \simeq \mathbb{Z}_p^\times, \\ \kappa_2 : G_2 = \Delta_2 \times \Gamma_2 \simeq \mathcal{O}_{\bar{\mathfrak{p}}}^\times \simeq \mathbb{Z}_p^\times. \end{cases} \qquad (4.37)$$

和往常一样, $|\Delta_i| = p-1$, $\Gamma_i = \kappa_i^{-1}(1+p\mathbb{Z}_p)$, 且我们记 $\Delta = \Delta_1 \times \Delta_2$, $\Gamma = \Gamma_1 \times \Gamma_2$.

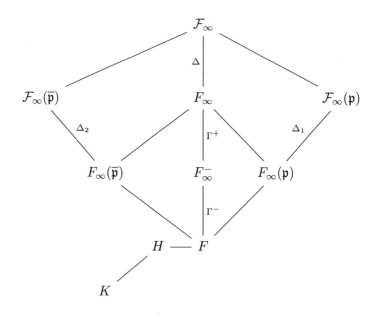

我们令 $F_\infty(\mathfrak{p})$ (相应地, $F_\infty(\bar{\mathfrak{p}})$) 为 Δ_1 (相应地, Δ_2) 在 $\mathcal{F}_\infty(\mathfrak{p})$ (相应地, $\mathcal{F}_\infty(\bar{\mathfrak{p}})$) 的不动域, 且 $F_\infty = F_\infty(\mathfrak{p})F_\infty(\bar{\mathfrak{p}})$. 域 F_∞ 包含 F 的**分圆** $\mathbb{Z}_p$ **扩张** F_∞^+, 也包含 K 在 F_∞ 中的**极大反分圆扩张** F_∞^-. 后者是对所有 $\sigma \in \mathrm{Gal}(F_\infty/K)$ (ρ 是复共轭), $\rho\sigma\rho^{-1}\sigma$ 的不动域, 由假设知它包含 F. 因为 $p \neq 2$, 故 F_∞^+ 和 F_∞^- 在 F 上是线性不交的, 且它们的合成域是 F_∞. 如果我们令 $\kappa^+ = \kappa_1\kappa_2$, $\kappa^- = \kappa_1\kappa_2^{-1}$ (通过 G 在 G_i 上的投射, κ_i 可以看作 G 的一个特征), 则 κ^+ 是分圆特征, 且通过 $\mathcal{F}_\infty^+ = F(\mu_{p^\infty})$ 分解. 这是 Weil 配对的一个结果. 另一方面, κ^- 拿掉了 $\mathcal{F}_\infty$ 的极大反分圆子扩张 $\mathcal{F}_\infty^-$. 注意 $[\mathcal{F}_\infty^+ \cap \mathcal{F}_\infty^- : F] = 2 = [\mathcal{F}_\infty : \mathcal{F}_\infty^+\mathcal{F}_\infty^-]$, 但是限制到 Γ 上, κ^- 通过 F_∞^- 分解, 并得到同构 $\mathrm{Gal}(F_\infty^-/F) = \Gamma^- \simeq 1 + p\mathbb{Z}_p$.

固定 $1 + p\mathbb{Z}_p$ 的一个生成元 u, 并在 Γ 中定义 γ_1, γ_2, γ^+ 以及 γ^-:

$$\begin{cases} \kappa_1(\gamma_1) = u, & \kappa_1(\gamma_2) = 1, \\ \kappa_2(\gamma_1) = 1, & \kappa_2(\gamma_2) = u, \\ \gamma^+ = \gamma_1\gamma_2, & \gamma^- = \gamma_1/\gamma_2. \end{cases} \tag{4.38}$$

那么 γ_1, γ_2, γ^+ 和 γ^- 投射成 Γ_1, Γ_2, $\Gamma^+ = \mathrm{Gal}(F_\infty^+/F)$ 以及 $\Gamma^- = \mathrm{Gal}(F_\infty^-/F)$ 的生成元, 且分别在 Γ_2, Γ_1, Γ^- 以及 Γ^+ 中是平凡的.

引理 4.3.4 利用上面的记号, 下面条件等价.

(a) 定理 4.3.3 的结论.

(b) $S(E/F')(p)$ 是无限的.

(c) $S(E/F)(\mathfrak{p})$ 是无限的.

证明 (b)$\Leftrightarrow$(a): 在 $\diamond$ 4.3.2 段已经证明.

(c)$\Leftrightarrow$(b): 扩张限制序列表明 $S(E/F')(p) = S(E/F)(p)^{\mathrm{Gal}(F/F')}$ ($p \neq 2$). 因为 $S(E/F)(p) = S(E/F)(\mathfrak{p}) \oplus S(E/F)(\bar{\mathfrak{p}})$, 且复共轭互换这两个因子, 故 (c) 等价于 (b). $\qquad\square$

引理 4.3.5 ([50]). 限制映射

$$S(E/F)(\mathfrak{p}) \xrightarrow{r} S(E/F_\infty^-)(\mathfrak{p})^{\Gamma^-} \tag{4.39}$$

是单射, 且余核是有限的.

证明 因为 $E(F_\infty^-)[\mathfrak{p}] = 0$, 扩张限制序列导出一个同构:

$$H^1(\mathrm{Gal}(\overline{F}/F), E[\mathfrak{p}^\infty]) \simeq H^1(\mathrm{Gal}(\overline{F}/F_\infty^-), E[\mathfrak{p}^\infty])^{\Gamma^-}, \tag{4.40}$$

因此 (4.39) 是单射. 为了处理 $\mathrm{Coker}(r)$, 我们来检查局部限制映射 (对于 $\overline{F}$ 的每一

个素点 v)

$$H^1(F_v, E(\overline{F}_v)) \xrightarrow{r_v} H^1(F_{\infty,v}^-, E(\overline{F}_v)), \tag{4.41}$$

其中我们将 $H^1(\mathrm{Gal}(\overline{k}/k), -)$ 记作 $H^1(k, -)$. 我们将要证明: (a) 如果 $v \nmid p$, 那么 r_v 是单射. (b) 如果 $v \mid p$, 那么 $\mathrm{Ker}(r_v)$ 是有限的. 引理可以由这两个断言得到, 因为由 (4.40) 知 r 的余核单射到 $\mathrm{II}_v \mathrm{Ker}(r_v)$.

(a) 的证明: 首先假设 v 具有好约化. 因为 $F_{\infty,v}^-/F_v$ 是非分歧的, $E(F_v)$ 中每个点都是 $E(F_{n,v}^-)$ 中点的范, 因此由 Tate 局部对偶理论知 $\mathrm{Ker}(r_v) = H^1(F_{\infty,v}^-/F_v,$ $E(F_{\infty,v}^-)) = 0$ (参见 [47] 中推论 4.4). 如果 v 是一个坏的约化, 同样的证明也成立, 因为我们可以将塔 F_{∞}^-/F "转换" 成扩张 $\mathcal{F}_1(\mathfrak{p})/F$, 其次数为 $p-1$, 且其上椭圆曲线 E 处处为好的约化. 证明了同样的结果之后, 我们可以取 Δ_1 不变量下降到 F.

(b) 的证明: Mazur 的定理 ([47] 命题 4.39) 表明 $\mathrm{Ker}(r_v) = H^1(F_{\infty,v}^-/F_v, E(F_{\infty,v}^-))$ 是有限的. $\qquad\square$

引理 4.3.6   限制同态诱导出同构

$$S(E/F_{\infty}^-)(\mathfrak{p}) \simeq S(E/F_{\infty})(\mathfrak{p})^{\Gamma^+} \tag{4.42}$$

($\Gamma^+ = \mathrm{Gal}(F_{\infty}/F_{\infty}^-)$).

证明   与前面类似, 因为 $E(F_{\infty})[\mathfrak{p}] = 0$, 所以有同构:

$$H^1(\mathrm{Gal}(\overline{F}/F_{\infty}^-), E[\mathfrak{p}^{\infty}]) \simeq H^1(\mathrm{Gal}(\overline{F}/F_{\infty}), E[\mathfrak{p}^{\infty}])^{\Gamma^+}, \tag{4.43}$$

以及 (4.42) 是单射. 为了证明满射, 注意 F_{∞}/F_{∞}^- 是处处非分歧的, 因此类似引理 4.3.5 中断言 (a), 局部限制映射 $H^1(F_{\infty,v}^-, E(\overline{F}_v)) \xrightarrow{r_v} H^1(F_{\infty,v}, E(\overline{F}_v))$ 是一个单射. $\qquad\square$

4.3.3   我们简单回忆一下 $\mathbb{Z}_p[[\Gamma]]$-模的结构定理 (注意 $\Gamma = \Gamma_1 \times \Gamma_2 \cong \mathbb{Z}_p^2$), 即 $\diamond$ 3.1.8 段所提到的. 令 M 是一个 Noether 挠 $\mathbb{Z}_p[[\Gamma]]$-模. M 是**伪零**的, 如果它在 $\mathbb{Z}_p[[\Gamma]]$ 的任意主理想 (高度为 1 的理想) 的局部化是平凡的. 几何上来说, 相伴凝聚层的支集余维数为 2. **伪同构**和**特征理想** $\mathrm{char.}(M)$ 在 $\diamond$ 3.1.6 段已经明确定义. 从而存在正合列

$$0 \to N \to M \to \prod_{1 \leqslant i \leqslant r} \mathbb{Z}_p[[\Gamma]]/(f_i) \to N' \to 0,$$

其中 N 和 N' 是伪零的, $\mathrm{char.}(M) = (\prod f_i)$. 细节可参考 [17] 以及 Bourbaki 的交换代数.

命题 4.3.7 令 $\mathcal{X} = \mathrm{Gal}(M(\mathcal{F}_\infty)/\mathcal{F}_\infty)$ 为 $\mathcal{F}_\infty = F(E[\mathfrak{p}^\infty])$ 的 $\mathfrak{p}$ 外非分歧的极大 Abel p 扩张在 $\mathcal{F}_\infty$ 上的 Galois 群. 令 $\omega = \kappa_1|_\Delta : \Delta \to \mathbb{Z}_p^\times$ (回忆下 $\Delta = \mathrm{Gal}(\mathcal{F}_\infty/F_\infty)$) 为 Δ 作用在 $E[\mathfrak{p}]$ 的特征, $\mathcal{X}^\omega$ 为 $\mathcal{X}$ 的相应特征空间. 令 $f_\omega \in \mathbb{Z}_p[[\Gamma]]$ 为 $\mathcal{X}^\omega$ 的特征幂级数: $\mathrm{char.}(\mathcal{X}^\omega) = (f_\omega)$. 令 γ^+ 为 $\Gamma^+ = \mathrm{Gal}(F_\infty/F_\infty^-)$ 的生成元, 并假设

$$(\gamma^+ - \kappa_1(\gamma^+)) \mid f_\omega. \tag{4.44}$$

则 $S(E/F_\infty^-)(\mathfrak{p})$ 的 Pontrijagin 对偶不是 $\mathbb{Z}_p[[\Gamma^-]]$ 挠元.

4.3.4 证明命题之前, 我们给出我们需要的结果.

推论 4.3.8 假设 (4.44) 成立, 则 $S(E/F)(\mathfrak{p})$ 是无限的, 故由引理 4.3.4 推知定理 4.3.3 成立.

证明 令 Y 为 $S(E/F_\infty^-)(\mathfrak{p})$ 的 Pontrijagin 对偶, 则 Γ^- 不变量的对偶是 $Y/(\gamma^- - 1)Y$, 其中 γ^- 是 Γ^- 的一个生成元. 如果上一个群是有限的, 设阶为 p^m, 则 $p^m(\gamma^- - 1)$ 零化 Y, 与命题 4.3.7 矛盾. 因此 $Y/(\gamma^- - 1)Y$ 以及 $S(E/F_\infty^-)(\mathfrak{p})^{\Gamma^-}$ 是无限的. 由引理 4.3.5 即得到证明. $\qquad\square$

4.3.5 命题 4.3.7 的证明: 由定理 4.1.2 知

$$S(E/F_\infty)(\mathfrak{p}) \simeq \mathrm{Hom}(\mathcal{X}, E[\mathfrak{p}^\infty])^\Delta.$$

联合引理 4.3.6 得到,

$$S(E/F_\infty^-)(\mathfrak{p}) \simeq \mathrm{Hom}(\mathcal{X}, E[\mathfrak{p}^\infty])^{\Delta \times \Gamma^+} = \mathrm{Hom}(\mathcal{X}^\omega/(\gamma^+ - \kappa_1(\gamma^+))\mathcal{X}^\omega, E[\mathfrak{p}^\infty]). \tag{4.45}$$

模 $\mathcal{X}$ 是一个 Noether 挠 $\mathbb{Z}_p[[\Gamma]]$-模, 这暗含在命题 4.3.7 的陈述中. $\diamond$ 3.1.5 段的最后关于 “单变量” 模的同样讨论可以给出它的证明. 由 $\mathbb{Z}_p[[\Gamma]]$-模的结构定理, 存在正合列

$$0 \to N \to \mathcal{X}^\omega \to \prod_{1 \leqslant i \leqslant r} \mathbb{Z}_p[[\Gamma]]/(f_i) \to N' \to 0, \tag{4.46}$$

其中 N 和 N' 是伪零的, 且 $f_\omega = \prod f_i$. 由假设 $\gamma^+ - \kappa_1(\gamma^+)$ 整除某个 f_i, 不妨设其为 f_1. 现在如果 N 是伪零的, 则它被 $\mathbb{Z}_p[[\Gamma]]$ 中两个互素的元零化, 因此 $N/(\gamma^+ - \kappa_1(\gamma^+))N$ 仍是 $\mathbb{Z}_p[[\Gamma^-]]$ 挠元. 因为 $\mathbb{Z}_p[[\Gamma]]/(f_1, \gamma^+ - \kappa_1(\gamma^+)) \cong \mathbb{Z}_p[[\Gamma^-]]$, 所以 $\mathcal{X}^\omega/(\gamma^+ - \kappa_1(\gamma^+))\mathcal{X}^\omega$ 不可能是 $\mathbb{Z}_p[[\Gamma^-]]$ 挠元, 命题由 (4.45) 即得.

4.3.6 根数: 在开始定理 4.3.3 证明的第二部分之前, 我们先看一下关于根数的讨论. 不失一般性, 我们假设 φ 满足 $L(\overline{\varphi}, s)$ 在 $s = 1$ 处有奇数阶零点. 令

$$\varepsilon_k = \overline{\varphi}^{2k+1}\mathbf{N}^{-k-1} = \overline{\varphi}^k\varphi^{-k-1}, \quad k \geqslant 0. \tag{4.47}$$

因为假设 $\varphi(\overline{\mathfrak{a}}) = \overline{\varphi}(\mathfrak{a})$，所以 $\check{\varepsilon}_k = \varepsilon_k$ (换句话说 ε_k 是一个**反分圆特征** (◇ 2.6.5 段))。因为函数方程将 $L(\varepsilon_k, s)$ 与 $L(\varepsilon_k, -s)$ 联系在一起，故 $W(\varepsilon_k) = \pm 1$ (见 (2.123))。由假设知，$W(\varepsilon_0) = -1$。

引理 4.3.9 令 $m = (p-1)[F:K]$，则

    (i) 如果 $k, j \geqslant 0$, $k \equiv j \mod m$, 则 $W(\varepsilon_k) = W(\varepsilon_j)$。

    (ii) $W(\varepsilon_{m-1}) = 1$。

证明 首先注意 $(\varphi/\overline{\varphi})^m = \varphi^{2m}\mathbf{N}^{-m}$ 是一个非分歧特征。事实上，令 $d = [F:K]$，$\varphi^d(\mathfrak{a}) = \varphi \circ \mathrm{N}_{F/K}(\mathfrak{a}\mathcal{O}_F) = \psi(\mathfrak{a}\mathcal{O}_F) \in K^\times$，因此 φ^{dw_K} 是非分歧的，且 $w_K \mid p-1$。一般地，如果 λ 是 K 的无穷型 (k,j) 的 Hecke 特征，令 $\nu(\lambda) = |k-j|$。进而如果 λ_1 和 λ_2 有互素的导子 $\mathfrak{f}_1, \mathfrak{f}_2$，则对 $\lambda = \lambda_1\lambda_2$ 有：

$$W(\lambda) = W(\lambda_1)W(\lambda_2)\tilde{\lambda}_1(\mathfrak{f}_2)\tilde{\lambda}_2(\mathfrak{f}_1)i^{\nu(\lambda_1)+\nu(\lambda_2)-\nu(\lambda)}, \tag{4.48}$$

其中 $\tilde{\lambda} = \lambda/|\lambda|$。这由 Tate 的博士论文得到，也可以从 [80] p.161 找到，或者由 ◇ 2.6.1 段直接得到。因为我们已经看到 φ^m 是非分歧的，在 (4.48) 中令 $\lambda_1 = \lambda_2 = \varphi^m$，我们得到 $W((\varphi/\overline{\varphi})^m) = W(\varphi^{2m}) = W(\varphi^m)^2 = (\pm 1)^2 = 1$。若令 $\lambda_1 = \varepsilon_{k+m}$, $\lambda_2 = (\varphi/\overline{\varphi})^m$，由事实 $\overline{\mathfrak{f}}_1 = \mathfrak{f}_1$ 和 $\overline{\varphi}(\mathfrak{a}) = \varphi(\overline{\mathfrak{a}})$ 可得

$$W(\varepsilon_k) = W(\varepsilon_{k+m}) \cdot i^{|2k+2m+1|+|2m|-|2k+1|} = W(\varepsilon_{k+m}),$$

这就证明了 (i)。对于 (ii)，

$$W(\varepsilon_{m-1}) = W(\overline{\varphi}^{-1}(\overline{\varphi}/\varphi)^m) = W(\overline{\varphi}^{-1})i^{1+2m-(2m-1)}$$
$$= -W(\overline{\varphi}^{-1}) = -W(\varphi^{-1}) = 1. \qquad \square$$

4.3.7 非消失定理： 证明剩余部分的关键是，一般地，$L(\varepsilon_k, 0)$ 非消失, 除非函数方程中的符号迫使它们消失。记 $m = (p-1)[F:K]$。

定理 4.3.10 ([26] 定理 1, [54] p.384)。如果 $W(\varepsilon_k) = 1$，则 $L(\varepsilon_j, 0) = 0$ 仅对有限个 $j \geqslant 0$, $j \equiv k \mod m$ 成立。

事实上，由前面引理知 $W(\varepsilon_j) = 1$ 对上述所有 j 成立。该定理有两种证明。Rohrlich 的证明 (尽管论述是针对类数 1 的域 K，但是对一般情况也成立) 是纯复解析的，但是需要借用在决定性点 (crucial point) 处的非 Archimede 版本的 Roth 定理。Greenberg 是同时利用了 p 进分析和复分析讨论，再由经典版本的 Roth 定

理完成! 这两种方法得到结果均比前面引述的要强. 因为他们的方法与本书主旨有所不同, 且这两篇论文容易获取, 故而我们在此省去证明.

4.3.8 注意 p 不整除 $[F:K]$, 因此

$$\mathcal{G} = \mathrm{Gal}(\mathcal{F}_\infty/K) = \Gamma \times H,$$

其中 $H = \mathrm{Gal}(\mathcal{F}_1/K)$ 的阶与 p 互素, 且 $\Gamma = \mathrm{Gal}(\mathcal{F}_\infty/\mathcal{F}_1) \cong \mathbb{Z}_p^2$. 我们可以将 $\mathcal{G}$ 中任意 p 进特征 ε 分解为 $\varepsilon_\Gamma \varepsilon_H$, 其中 ε_Γ 作用在 H 上是平凡的, 反之亦然. 特别地, 我们有 $\varphi = \varphi_\Gamma \varphi_H$, 且 $\varphi_H|_\Delta = \kappa_1|_\Delta = \omega$.

复共轭 ρ 作用在 $\mathcal{G}$ 上, 令

$$c(\sigma) = \rho \circ \sigma \circ \rho^{-1}, \quad \sigma \in \mathcal{G}. \tag{4.49}$$

如果 ε 是 $\mathcal{G}$ 的 p 进特征, 则 $\varepsilon \circ c$ 也是. 如果 ε 是 Hecke 特征, 那么 $\varepsilon \circ c(\mathfrak{a}) = \varepsilon(\overline{\mathfrak{a}})$, 因此根据我们的假设有 $\varphi \circ c = \overline{\varphi}$.

如果 X 是任意 $\mathbb{Z}_p[[\mathcal{G}]]$ 模, 且 $\chi \in \hat{H}$, 我们记 $(\mathbb{D} \otimes_{\mathbb{Z}_p} X)^\chi$ 为 X^χ, 其中 $\mathbb{D}$ 是 $\mathbb{Q}_p^{\mathrm{ur}}$ 的完备化的整数环. 这里符号轻微的混用是正常的, 因为我们仅对 $\mathrm{char}.(X^\chi)$ 感兴趣, 且 Γ-模的特征理想在标量扩张下表现良好.

命题 4.3.11 固定一个模 m 的同余类 k_0. 令 $\chi \in \hat{H}$ 如下定义:

$$\chi = \varphi_H^{k_0+1} \overline{\varphi}_H^{-k_0}. \tag{4.50}$$

令 $\mathfrak{g}$ 为 $\mathfrak{f}_\chi$ 的与 p 互素的部分, 且

$$g_\chi = \chi(\mu(\mathfrak{g}\overline{\mathfrak{p}}^\infty)) \in \Lambda = \mathbb{D}[[\Gamma]] \tag{4.51}$$

是 χ 的本原的 “双变量” 的 p 进 L 函数 (参考定理 2.4.15, 引理 3.1.9, ◇ 3.1.8 段), 则下述等价:

(a) $L(\varepsilon_k, 0) = 0$, 对无穷多个 $k \geqslant 0$, $k \equiv k_0 \mod m$.

(b) $L(\varepsilon_k, 0) = 0$, 对每个 $k \geqslant 0$, $k \equiv k_0 \mod m$.

(c) $(\gamma^+ - \kappa_1(\gamma^+)) \mid g_\chi$, 其中 γ^+ 是 $\Gamma^+ = \mathrm{Gal}(F_\infty/F_\infty^-)$ 的一个生成元.

证明 令 $T = \gamma^+ - \kappa_1(\gamma^+)$, $S = \gamma^- - 1$. 众所周知 $\mathbb{Z}_p[[\Gamma]] = \mathbb{Z}_p[[S,T]]$, 后者是两个变量的幂级数环 (尽管对 T 而言一个更标准的选择为 $\gamma^+ - 1$). 进而, $\varepsilon_k^{-1}(T) = \kappa_1^{k+1}\kappa_2^{-k}(\gamma^+) - \kappa_1(\gamma^+) = \kappa_1(\gamma^+)(\kappa^-(\gamma^+)^k - 1) = 0$, 因为 $\varphi_\Gamma = \kappa_1|_\Gamma$, $\overline{\varphi}_\Gamma = \kappa_2|_\Gamma$ (参见 (4.38)). 类似地, $\varepsilon_k^{-1}(S) = \kappa_1^{k+1}\kappa_2^{-k}(\gamma^-) - 1 = u^{2k+1} - 1$, 其中 u

是 $1 + p\mathbb{Z}_p$ 的一个生成元. 从而, 如果我们记

$$g_\chi = a(S) + Tb(S,T),$$

则对 $k \equiv k_0 \mod m$ 有 $(\varepsilon_k^{-1})_H = \chi$, 且

$$\int_{\mathcal{G}} \varepsilon_k^{-1}(\sigma) d\mu(\mathfrak{g}\bar{\mathfrak{p}}^\infty; \sigma) = \int_\Gamma \varepsilon_k^{-1}(\sigma) dg_\chi(\sigma)$$
$$= g_\chi(u^{2k+1} - 1, 0) = a(u^{2k+1} - 1). \tag{4.52}$$

我们将测度 g_χ 等同于相应的幂级数 $g_\chi(S,T)$. 因此 T 整除 g_χ 当且仅当 (4.52) 对无穷多个 k 为零, 且在这种情况下, 它对所有 $k \equiv k_0 \mod m$ 为零.

   接下来我们将 (4.52) 与复 L 函数的特殊值联系在一起. 然而, 这恰好是定理 2.4.15 的内容, 那里公式 (2.97) 给出 (4.52)

$$\Omega_p^{-2k-1} \int_{\mathcal{G}} \varepsilon_k^{-1} d\mu(\mathfrak{g}\bar{\mathfrak{p}}^\infty) = \Omega^{-2k-1} \left(\frac{\sqrt{d_K}}{2\pi}\right)^{-k} \left(1 - \frac{\varphi^{2k+1}(\mathfrak{p})}{p^{k+1}}\right) \cdot k! \cdot L(\varepsilon_k, 0). \tag{4.53}$$

该命题现在证毕. $\square$

4.3.9   我们现在可以给出定理 4.3.3 的证明. 假设 p 如该定理所述, 对域 $\mathcal{F}_\infty = F(E[p^\infty])$ 考虑 $\diamond$ 3.1.5 段的基本正合列 (3.13) 有

$$0 \to \mathcal{E}/\mathcal{C} \to \mathcal{U}/\mathcal{C} \to \mathcal{X} \to \mathcal{W} \to 0. \tag{4.54}$$

注意 $\mathcal{X}$ 是 $\mathcal{F}_\infty$ 在 $\mathfrak{p}$ 外非分歧的极大 Abel p 扩张的 Galois 群, $\mathcal{W}$ 是它的 (绝对) 非分歧商, $\mathcal{U}, \mathcal{E}$ 和 $\mathcal{C}$ 分别为局部 (在 $\mathfrak{p}$ 处的) 单位、整体单位和椭圆单位的 Iwasawa 模. 更准确地说, 为了从 (3.13) 得到 (4.54), 令 $\mathfrak{f} = l.c.m.(\mathfrak{f}_{F/K}, \mathfrak{f}_\varphi)$, 使得 $F \subset K(\mathfrak{f})$. 然后将 $\mathfrak{f}$ 替换为 $\mathfrak{f}\mathfrak{p}^m$, 对 (3.13)关于 $m \to \infty$ 取逆极限. 最后取 $\mathrm{Gal}(K(\mathfrak{f})/F)$ 不变量, 将 $K(\mathfrak{f}p^\infty)$ 下降为 $\mathcal{F}_\infty$.

   我们将 (4.54) 中的模关于 $\chi \in \hat{H}$ 分解, 并定义 $\Lambda = \mathbb{D}[[\Gamma]]$-模的特征幂级数

$$\begin{aligned} h_\chi &= \mathrm{char}.(\mathcal{E}/\mathcal{C})^\chi, \\ g_\chi &= \mathrm{char}.(\mathcal{U}/\mathcal{C})^\chi, \\ f_\chi &= \mathrm{char}.\mathcal{X}^\chi. \end{aligned} \tag{4.55}$$

这些符号与 (4.51) 一致, 这是由于引理 3.1.9 给出了作为 $\mathcal{U}/\mathcal{C}$ 的特征幂级数的 p 进 L 函数. 注意例外情况 $\chi = 1$ 并没有出现在"双变量"定理中, 因为 p 进 L 函

数总是带有 $\bar{\mathfrak{p}}$-Euler 因子. 这里符号与命题 4.3.7 的一致, 如果我们注意到对任意 $\theta \in \hat{\Delta}$, 有

$$\mathcal{X}^\theta = \prod_{\chi|_\Delta = \theta} \mathcal{X}^\chi. \tag{4.56}$$

因此 $f_\omega = \prod f_\chi$, 乘积遍历 H 扩张到 ω 的所有特征.

注意 Λ 是唯一因子分解整环. 显然有 $h_\chi | g_\chi$ 以及 $g_\chi | h_\chi f_\chi$. 考虑对应于 $\chi = \varphi_H$ 和 $\chi \circ c = \bar{\varphi}_H$ 的特殊本征空间. $K(\mathfrak{f}p^\infty)$ 的整体单位模去其椭圆单位可以定义为域 $K(\mathfrak{f}p^n)$ 中整体单位的 p-Sylow 子群商掉其椭圆单位的逆极限. 这些域在 $\mathbb{Q}$ 上 ($\mathfrak{f} = l.c.m.(\mathfrak{f}_{F/K}, \mathfrak{f}_\varphi) = \bar{\mathfrak{f}}$) 是 Galois 的, 且复共轭保持其中的整体或椭圆单位. 当我们取 $\mathrm{Gal}(K(\mathfrak{f}p^\infty)/\mathcal{F}_\infty)$-不变量时, 这些也是正确的 (注意 $\mathcal{F}_\infty$ 在 $\mathbb{Q}$ 上也是 Galois 的). 从而复共轭诱导了 $(\mathcal{E}/\mathcal{C})^\chi$ 与 $(\mathcal{E}/\mathcal{C})^{\chi \circ c}$ 之间的自然群同构. 由 "结构转移", 作为 Γ-模我们有

$$h_{\chi \circ c} = c(h_\chi). \tag{4.57}$$

这是一个至关重要的结论. 这对于 g_χ 或者 f_χ 是错误的, 但是, 正如主猜想所预测的, 这对于 (4.54) 中最后一项 char.$(\mathcal{W})$ 是正确的 (我们不需要这一事实).

现在 $c(\gamma^+ - \kappa_1(\gamma^+)) = \gamma^+ - \kappa_1(\gamma^+)$, 所以

$$(\gamma^+ - \kappa_1(\gamma^+)) \mid h_\chi \Leftrightarrow (\gamma^+ - \kappa_1(\gamma^+)) \mid h_{\chi \circ c}. \tag{4.58}$$

根据我们在 φ 上的假设和引理 4.3.9(i), 如果 $k \geqslant 0$, $k \equiv 0 \mod m$, 则 $W(\varepsilon_k) = -1$, 因此 $L(\varepsilon_k, 0) = 0$. 由命题 4.3.11 ($k_0 = 0$) 得

$$(\gamma^+ - \kappa_1(\gamma^+)) \mid g_\chi. \tag{4.59}$$

另一方面, 由引理 4.3.9(ii), 如果 $k \geqslant 0$, $k \equiv -1 \mod m$, 则 $W(\varepsilon_k) = 1$, 因此由非消失定理 4.3.10 知, $L(\varepsilon_k, 0) = 0$ 仅对有限多个 k 成立. 由命题 4.3.11 ($k_0 = -1$),

$$(\gamma^+ - \kappa_1(\gamma^+)) \nmid g_{\chi \circ c}. \tag{4.60}$$

因为 $g_\chi \mid h_\chi f_\chi$ 和 $h_{\chi \circ c} \mid g_{\chi \circ c}$, 由 (4.58), 有

$$(\gamma^+ - \kappa_1(\gamma^+)) \mid f_\chi. \tag{4.61}$$

χ 限制到 Δ 为 ω, 因此 $\gamma^+ - \kappa_1(\gamma^+)$ 整除 f_ω. 推论 4.3.8 便完成了主定理的证明.

符 号 索 引

页码是符号第一次出现时的页码. 一些符号的含义有细微变化, 但在相应章节里是明晰的.

0. 一般记号

$R^\times$	R 的单位
$R[[T]]$	R 上的幂级数环
$\overline{k}$	k 的代数闭包
$\mathbb{Z}_p$, $\mathbb{Q}_p$	p 进整数, p 进数
$\mathbb{C}_p$	$\overline{\mathbb{Q}}_p$ 的完备化
F_P	F 在理想 P 处的完备化
$\mathrm{N}_{F/K}$, $\mathrm{Tr}_{F/K}$	范，迹
μ_m	m 次单位根
$\hat{G}$	G 的特征群
$\mathbf{N}$	绝对范
$M[n]$	$\mathrm{Ker}(n : M \to M)$
M^G, M_G	G-不变量, G-余不变量
M^χ, M_χ	χ-特征空间，χ-余特征空间

2. Galois 群

3. 单位

4. 测度与幂级数

5. 特征与 L 函数

参考文献

[1] Nicole Arthaud. "On Birch and Swinnerton-Dyer's conjecture for elliptic curves with complex multiplication. I". 刊于: *Compositio Mathematica* 37.2 (1978), pp. 209–232 (引用于 p. 99).

[2] Emil Artin and Helmut Hasse. "Die beiden Ergänzungssätze zum Reziprozitätsgesetz derl n-ten Potenzreste im Körper derl n-ten Einheitswurzeln". 刊于: *Abhandlungen aus dem Mathematischen Seminar der Universität Hamburg.* Vol. 6. 1. Springer. 1928, pp. 146–162. DOI: 10.1007/bf02940607 (引用于 p. 25).

[3] Mark Ivanovich Bashmakov. "The cohomology of abelian varieties over a number field". 刊于: *Russian Mathematical Surveys* 27.6 (1972), pp. 25–70. DOI: 10.1070/rm1972v027n06abeh001392 (引用于 p. 103).

[4] B.J. Birch and H.P.F. Swinnerton-Dyer. "Notes on elliptic curves. I". 刊于: *Journal für die Reine und Angewandte Mathematik* 212 (1963), pp. 7–25. DOI: doi:10.1515/crll.1963.212.7 (引用于 p. 99).

[5] B.J. Birch and H.P.F. Swinnerton-Dyer. "Notes on elliptic curves. II". 刊于: *Journal für die Reine und Angewandte Mathematik* 218 (1965), pp. 79–108. DOI: doi:10.1515/crll.1965.218.79 (引用于 p. 99).

[6] A. Borel et al. *Seminar on Complex Multiplication.* Lecture Notes in Math. 21, Springer, 1966 (引用于 p. 34).

[7]   Armand Brumer. "On the units of algebraic number fields". 刊于: *Mathe-matika* 14.2 (1967), pp. 121–124. DOI: `10.1112/s0025579300003703` (引用于 pp. 89, 92).

[8]   Pierrette Cassou-Noguès. "*p*-adic *L*-functions for elliptic curves with complex multiplication I". 刊于: *Compositio Mathematica* 42.1 (1980), pp. 31–56 (引用于 p. 31).

[9]   Komaravolu Chandrasekharan. *Elliptic Functions*. Springer, 2012 (引用于 p. 40).

[10]   John Coates. "Infinite descent on elliptic curves with complex multiplication". 刊于: *Arithmetic and Geometry*. Springer, 1983, pp. 107–137. DOI: `10.1007/978-1-4757-9284-3_5` (引用于 p. 100).

[11]   John Coates and Catherine Goldstein. "Some remarks on the main conjecture for elliptic curves with complex multiplication". 刊于: *American Journal of Mathematics* 105.2 (1983), pp. 337–366. DOI: `10.2307/2374263` (引用于 p. 100).

[12]   John Coates and Andrew Wiles. "Kummer's criterion for Hurwitz numbers". 刊于: *Algebraic Number Theory*. Japan Soc. Promotion Sci., 1977, pp. 9–23 (引用于 pp. 91–93, 97).

[13]   John Coates and Andrew Wiles. "On *p*-adic *L*-functions and elliptic units". 刊于: *Journal of the Australian Mathematical Society* 26.1 (1978), pp. 1–25. DOI: `10.1017/s1446788700011459` (引用于 pp. 5, 31).

[14]   John Coates and Andrew Wiles. "On the conjecture of Birch and Swinnerton-Dyer". 刊于: *Inventiones Mathematicae* 39.3 (1977), pp. 223–251. DOI: `10.1007/BF01402975` (引用于 pp. 5, 99).

[15]   Robert F. Coleman. "Division values in local fields". 刊于: *Inventiones Mathematicae* 53.2 (1979), pp. 91–116. DOI: `10.1007/BF01390028` (引用于 pp. 12, 14).

[16]   Robert F. Coleman. "The arithmetic of Lubin-Tate division towers". 刊于: *Duke Mathematical Journal* 48.2 (1981), pp. 449–466. DOI: `10.1215/s0012-7094-81-04825-0` (引用于 p. 22).

[17]   Albert A. Cuoco. "The growth of Iwasawa invariants in a family". 刊于: *Compositio Mathematica* 41.3 (1980), pp. 415–437 (引用于 pp. 90, 112).

[18] R. Damerell. "*L*-functions of elliptic curves with complex multiplication, I". 刊于: *Acta Arithmetica* 17.3 (1970), pp. 287–301. DOI: `10.4064/aa-19-3-311-317` (引用于 p. 52).

[19] Pierre Deligne and Kenneth A. Ribet. "Values of abelian *L*-functions at negative integers over totally real fields". 刊于: *Inventiones Mathematicae* 59.3 (1980), pp. 227–286. DOI: `10.1007/bf01453237` (引用于 p. 31).

[20] Rudolf Fueter. *Die Klassenkörper der komplexen Multiplikation und ihr Einfluss auf die Entwicklung der Zahlentheorie*. BG Teubner, 1911 (引用于 p. 34).

[21] Roland Gillard. "Fonctions *L* *p*-adiques des corps quadratiques imaginaires et de leurs extensions abéliennes". 刊于: *Journal für die Reine und Angewandte Mathematik* 358 (1985), pp. 76–91. DOI: `10.1515/crll.1985.358.76` (引用于 pp. 91, 96).

[22] Roland Gillard. "Unités elliptiques et fonctions *L* *p*-adiques". fre. 刊于: *Compositio Mathematica* 42.1 (1980), pp. 57–88 (引用于 p. 31).

[23] Roland Gillard and Gilles Robert. "Groupes d'unités elliptiques". 刊于: *Bulletin de la Société Mathématique de France* 107 (1979), pp. 305–317 (引用于 pp. 40, 46).

[24] Catherine Goldstein and Norbert Schappacher. "Séries d'Eisenstein et fonctions *L* de courbes elliptiquesa multiplication complexe". 刊于: *Journal für die Reine und Angewandte Mathematik* 327 (1981), pp. 184–218 (引用于 pp. 37, 47, 52, 62).

[25] Ralph Greenberg. "On the Birch and Swinnerton-Dyer conjecture". 刊于: *Inventiones Mathematicae* 72.2 (1983), pp. 241–265. DOI: `10.1007/bf01389322` (引用于 pp. 99, 109).

[26] Ralph Greenberg. "On the critical values of Hecke *L*-functions for imaginary quadratic fields". 刊于: *Inventiones Mathematicae* 79.1 (1985), pp. 79–94. DOI: `10.1007/bf01388657` (引用于 p. 114).

[27] Ralph Greenberg. "On the structure of certain Galois groups". 刊于: *Inventiones Mathematicae* 47.1 (1978), pp. 85–99. DOI: `10.1007/bf01609481` (引用于 p. 89).

[28] Benedict H. Gross. *Arithmetic on Elliptic Curves with Complex Multiplication*. Lecture Notes in Math. 776, Springer, 2006 (引用于 pp. 34–36, 109, 110).

[29] Benedict H. Gross and Don B. Zagier. "Heegner points and derivatives of
     L-series". 刊于: *Inventiones Mathematicae* 84.2 (1986), pp. 225–320 (引用于
     pp. 99, 108, 109).

[30] Shai Haran. "p-adic L-functions for modular forms". 刊于: *Compositio Math-
     ematica* 62.1 (1987), pp. 31–46 (引用于 p. 31).

[31] Michiel Hazewinkel. *Formal Groups and Applications*. Academic Press, 1978
     (引用于 pp. 7, 8).

[32] Kenkichi Iwasawa. *Lectures on p-adic L-functions*. Princeton University Press,
     1972 (引用于 pp. 63, 72).

[33] Kenkichi Iwasawa. *Local Class Field Theory*. Oxford University Press New
     York, 1986 (引用于 pp. 12, 72).

[34] Kenkichi Iwasawa. "On Z_l-extensions of algebraic number fields". 刊于: *An-
     nals of Mathematics* 98.2 (1973), pp. 246–326. ISSN: 0003486X. DOI: 10 .
     2307/1970784 (引用于 p. 25).

[35] Kenkichi Iwasawa. "On explicit formulas for the norm residue symbol". 刊
     于: *Journal of the Mathematical Society of Japan* 20.1-2 (1968), pp. 151–165.
     DOI: 10.2969/jmsj/02010151 (引用于 p. 25).

[36] Nicholas M. Katz. "p-adic L-functions for CM fields". 刊于: *Inventiones
     Mathematicae* 49.3-4 (1978), pp. 199–297. DOI: 10.1007/bf01390187 (引
     用于 pp. 31, 77).

[37] Nicholas M. Katz. "p-adic interpolation of real analytic Eisenstein series". 刊
     于: *Annals of Mathematics* (1976), pp. 459–571. DOI: 10.2307/1970966 (引
     用于 pp. 5, 31, 72).

[38] Daniel S. Kubert and Serge Lang. "Modular units". 刊于: *Modular Units*.
     Springer, 1981, pp. 24–57. DOI: 10.1007/978-1-4757-1741-9_2 (引用于
     pp. 40, 42, 43, 73).

[39] Tomio Kubota and Heinrich W. Leopoldt. "Eine p-adische Theorie der Zetaw-
     erte. Teil I: Einführung der p-adischen Dirichletschen L-Funktionen". 刊于:
     Journal für die Reine und Angewandte Mathematik 214 (1964), pp. 328–339
     (引用于 pp. 5, 31).

[40] Ernst Eduard Kummer. "Über die Ergänzungssätze zu den allgemeinen Re-
     ciprocitätsgesetzen". 刊于: *Journal für die Reine und Angewandte Mathe-
     matik* 1852.44 (1852), pp. 93–146 (引用于 p. 18).

[41] Serge Lang. *Algebraic Number Theory*. Springer, 2013 (引用于 p. 74).

[42] Serge Lang. *Cyclotomic Fields I and II*. Springer, 2012. ISBN: 9781461209874 (引用于 p. 107).

[43] Serge Lang. *Elliptic Functions*. Addison-Wesley, 1973 (引用于 p. 65).

[44] Jonathan Lubin and John Tate. "Formal complex multiplication in local fields". 刊于: *Annals of Mathematics* 81.2 (Mar. 1965), pp. 380–387. ISSN: 0003486X. DOI: 10.2307/1970622 (引用于 p. 8).

[45] Yurii Ivanovich Manin. "Periods of parabolic forms and *p*-adic Hecke series". 刊于: *Matematicheskiĭ Sbornik* 134.3 (1973), pp. 378–401 (引用于 p. 31).

[46] Barry Mazur. "Analyse *p*-adique". 刊于: *Bourbaki report* (1972) (引用于 p. 15).

[47] Barry Mazur. "Rational points of abelian varieties with values in towers of number fields". 刊于: *Inventiones Mathematicae* 18.3-4 (1972), pp. 183–266. DOI: 10.1007/bf01389815 (引用于 pp. 97, 112).

[48] Barry Mazur and Peter Swinnerton-Dyer. "Arithmetic of Weil curves". 刊于: *Inventiones Mathematicae* 25.1 (1974), pp. 1–61. DOI: 10.1007/bf01389997 (引用于 p. 31).

[49] David Mumford. *Abelian Varieties*. Vol. 2. Oxford University Press Oxford, 1974 (引用于 p. 65).

[50] Bernadette Perrin-Riou. "Arithmétique des courbes elliptiques et théorie d'Iwasawa". 刊于: *Mémoires de la société mathématique de France* 17 (1984), pp. 1–130 (引用于 pp. 6, 97, 111).

[51] Bernadette Perrin-Riou. "Points de Heegner et dérivées de fonctions *L p*-adiques". 刊于: *Inventiones Mathematicae* 89.3 (1987), pp. 455–510. DOI: 10.1007/bf01388982 (引用于 pp. 6, 99).

[52] Kanakanahalli Ramachandra. "Some applications of Kronecker's limit formulas". 刊于: *Annals of Mathematics* (1964), pp. 104–148. DOI: 10.2307/1970494 (引用于 p. 40).

[53] Gilles Robert. "Unités elliptiques". 刊于: *Bulletin de la Société Mathématique de France* 36 (1973) (引用于 pp. 40, 46).

[54] David E. Rohrlich. "On *L*-functions of elliptic curves and anticyclotomic towers". 刊于: *Inventiones Mathematicae* 75.3 (1984), pp. 383–408. DOI: 10.1007/bf01388635 (引用于 p. 114).

[55] Karl Rubin. "Descents on elliptic curves with complex multiplication". 刊于:
      Séminaire de Théorie des Nombres, Paris 1985–86. Springer, 1987, pp. 165–
      173. DOI: 10.1007/978-1-4757-4267-1_12 (引用于 p. 102).

[56] Karl Rubin. "Elliptic curves with complex multiplication and the conjecture
      of Birch and Swinnerton-Dyer". 刊于: *Inventiones Mathematicae* 64.3 (1981),
      pp. 455–470. DOI: 10.1007/bfb0093455 (引用于 pp. 99, 108).

[57] Karl Rubin. "On the main conjecture of Iwasawa theory for imaginary quadratic
      fields". 刊于: *Inventiones Mathematicae* 93.3 (1988), pp. 701–713. DOI: 10.
      1007/bf01410205 (引用于 pp. 97, 102, 109).

[58] Karl Rubin. "The 'main conjectures' of Iwasawa theory for imaginary quadra-
      tic fields". 刊于: *Inventiones Mathematicae* 103.1 (1991), pp. 25–68. DOI:
      10.1007/bf01239508 (引用于 p. 87).

[59] Jean-Pierre Serre. *Corps Locaux.* Hermann Paris, 1962 (引用于 p. 28).

[60] Jean-Pierre Serre. "Local class field theory". 刊于: *Algebraic Number Theory.*
      编者为 J.W.S. Cassels and A. Fröhlich. Academic Press, 1967, pp. 128–161
      (引用于 pp. 9–11).

[61] Jean-Pierre Serre. "Sur le résidu de la fonction zêta p-adique d'un corps de
      nombres". 刊于: *Comptes Rendus Mathématique. Académie des Sciences.
      Paris* 278 (1978), pp. 183–188. DOI: 10.1007/978-3-642-39816-2_116 (引
      用于 p. 15).

[62] Jean-Pierre Serre and John Tate. "Good reduction of Abelian varieties". 刊
      于: *Annals of Mathematics* 88.3 (1968), pp. 492–517. ISSN: 0003486X. DOI:
      10.2307/1970722 (引用于 pp. 35, 38).

[63] Ehud de Shalit. "On monomial relations between p-adic periods". 刊于: *Jour-
      nal für die Reine und Angewandte Mathematik* 1987.374 (1987), pp. 193–207.
      DOI: 10.1515/crll.1987.374.193 (引用于 pp. 31, 65).

[64] Ehud de Shalit. "Relative Lubin-Tate Groups". 刊于: *Proceedings of the
      American Mathematical Society* 95.1 (1985), pp. 1–4. ISSN: 0002-9939. DOI:
      10.1090/S0002-9939-1985-0796434-8 (引用于 p. 8).

[65] Ehud de Shalit. "The explicit reciprocity law in local class field theory". 刊于:
      Duke Mathematical Journal 53.1 (1986), pp. 163–176. DOI: 10.1215/s0012-
      7094-86-05311-1 (引用于 p. 25).

[66] Goro Shimura. *Introduction to the Arithmetic Theory of Automorphic Functions*. Princeton University Press, 1971 (引用于 pp. 34–36, 44).

[67] Goro Shimura. "The special values of the zeta functions associated with cusp forms". 刊于: *Communications on Pure and Applied Mathematics* 29.6 (1976), pp. 783–804. DOI: 10.1007/978-1-4612-2076-3_24 (引用于 p. 109).

[68] Cari Ludwig Siegel. "Lectures on advanced analytic number theory". 刊于: *Tata Institute of Fundamental Research Studies in Mathematics* (1961) (引用于 pp. 40, 42, 72).

[69] Joseph H. Silverman. *The Arithmetic of Elliptic Curves*. GTM106, Springer, 1999 (引用于 pp. 34, 100, 101).

[70] N. Stephens. "The diophantine equation $x^3 + y^3 = Dz^3$ and the conjectures of Birch and Swinnerton-Dyer". 刊于: *Journal für die Reine und Angewandte Mathematik* 231 (1968), pp. 121–162. DOI: doi:10.1515/crll.1968.231.121 (引用于 p. 99).

[71] N. Stephens, C. Goldstein, and D. Bernardi. "Notes p-adiques sur les courbes elliptiques". 刊于: *Journal für die Reine und Angewandte Mathematik* 1984.351 (1984), pp. 129–170. DOI: 10.1515/crll.1984.351.129 (引用于 p. 6).

[72] John Tate. *Les conjectures de Stark sur les fonctions L d' Artin en s = 0.* Birkhäuser Basel, 1984. ISBN: 978-0-8176-3188-8 (引用于 p. 72).

[73] John Tate. "On the conjecture of Birch and Swinnerton-Dyer and a geometric analog". 刊于: *Sém. Bourbaki.* Vol. 306. 1966 (引用于 pp. 99, 101).

[74] John Tate. "p-divisible groups". 刊于: *Proceedings of a Conference on Local Fields*. Springer, 1967, pp. 158–183 (引用于 p. 55).

[75] John Tate. "The arithmetic of elliptic curves". 刊于: *Inventiones Mathematicac* 23.3-4 (1974), pp. 179–206. DOI: 10.1007/bf01389745 (引用于 pp. 34, 39, 40, 49, 60, 100).

[76] Jacques Tilouine. "Fonctions L p-adiques à deux variables et $\mathbb{Z}_p^2$-extensions". 刊于: *Bulletin de la Société Mathématique de France* 114 (1986), pp. 3–66 (引用于 p. 31).

[77] M. Višik and Yu. I Manin. "p-adic Hecke series of imaginary quadratic fields". 刊于: *Mathematics of the USSR-Sbornik* 24.3 (1974), pp. 345–371. DOI: 10.1142/9789812830517_0015 (引用于 pp. 5, 31).

[78] Lawrence C. Washington. *Introduction to Cyclotomic Fields.* GTM83, Springer, 1997 (引用于 pp. 86, 87, 91).

[79] Heinrich Weber. *Lehrbuch der algebra.* 1928 (引用于 p. 43).

[80] André Weil. *Dirichlet Series and Automorphic Forms: Lezioni fermiane.* Springer, 2006 (引用于 p. 114).

[81] André Weil. *Elliptic Functions According to Eisenstein and Kronecker.* Springer, 1999 (引用于 pp. 40, 41, 47, 48, 51, 52).

[82] André Weil. "On a certain type of characters of the idele-class group of an algebraic number-field". 刊于: *Proceedings of the International Symposium on Algebraic Number Theory, Tokyo.* Vol. 1956. 1955, pp. 1–7 (引用于 pp. 15, 33).

[83] Edmund Taylor Whittaker and George Neville Watson. *A Course of Modern Analysis.* Dover Publications, 2020 (引用于 p. 40).

[84] Andrew Wiles. "Higher explicit reciprocity laws". 刊于: *Annals of Mathematics* 107.2 (1978), pp. 235–254. ISSN: 0003486X (引用于 pp. 25, 26).

[85] Jean-Pierre Wintenberger. "Structure galoisienne de limites projectives d'unités locales". fre. 刊于: *Compositio Mathematica* 42.1 (1980), pp. 89–103 (引用于 p. 25).

[86] Rodney I. Yager. "p-adic measures on Galois groups". 刊于: *Inventiones Mathematicae* 76.2 (1984), pp. 331–343. DOI: 10.1007/bf01388600 (引用于 pp. 31, 70).

[87] Rodney I. Yager. "A Kummer criterion for imaginary quadratic fields". 刊于: *Compositio Mathematica* 47.1 (1982), pp. 31–42 (引用于 p. 97).

[88] Rodney I. Yager. "On two variable p-adic L-functions". 刊于: *Annals of Mathematics* 115.2 (1982), pp. 411–449. ISSN: 0003486X. DOI: 10.2307/1971398 (引用于 pp. 25, 31, 70).

郑重声明